작은 수학자의
생각실험

❸

작은 수학자의 생각실험 3

1판 1쇄 펴냄 2019년 8월 22일
1판 2쇄 펴냄 2021년 8월 10일

지은이 고의관

주간 김현숙 | **편집** 김주희, 이나연
디자인 이현정, 전미혜
영업 백국현, 정강석 | **관리** 오유나

펴낸곳 궁리출판 | **펴낸이** 이갑수

등록 1999년 3월 29일 제300-2004-162호
주소 10881 경기도 파주시 회동길 325-12
전화 031-955-9818 | **팩스** 031-955-9848
홈페이지 www.kungree.com
전자우편 kungree@kungree.com
페이스북 /kungreepress | **트위터** @kungreepress
인스타그램 /kungree_press

ISBN 978-89-5820-605-7   03410

작은 수학자의 생각실험

3

비밀번호 암호로 배우는
놀라운 정수·소수의 세계

고의관 지음

궁리
KungRee

생각하는 수학은 힘이 세다!

오늘날 우리는 정보의 바다 속에서 살고 있어요. 매일 상상할 수 없을 정도로 많은 정보가 쏟아지다 보니 무엇을 받아들여야 할지 모를 만큼 정보의 홍수에 허우적거리고 있습니다. 우리는 시대에 뒤떨어지지 않으려고 계속 무엇인가를 배우고 있습니다.

여기서 물음을 던져볼까요? 무조건 습득하는 것이 과연 좋을까요? 지식은 늘 것입니다. 그러나 역효과가 날 수도 있습니다. 물론 이마저도 하지 않는 사람보다야 낫겠지만, 이보다 중요한 것은 자신이 얻은 정보를 활용할 수 있는 지혜가 있느냐 없느냐에 달려 있습니다. 지식을 활용할 지혜가 없다면 지식은 썩은 물에 불과하니까요.

수학 분야에서 이런 현상이 더욱 심하답니다. 아직 수학적으로 성숙되지 않은 상태에서 고급수학을 배우게 되면 어떤 일이 생길까요? 그것을 소화할 능력이 없기에 분명 무조건적으로 받아들이게 될 것입니다. 많은 부모들이 우리 아이가 수학 천재가 아닐까 하는 착각에 빠지는 이유도 여기에 있답니다. 조기교육으로 어린 나이에 비해 아는 것이 많으니 뿌듯함을 느끼게 되거든요. 하지만 학년이 오를수록 배워서 습득하는 것에만 익숙해지면서 생각할 줄 모르는 뇌가 되어갑니다. 이미 어려서부터 하나의 방향으로만 국한해 생각하는 뇌가 형성되는 것입니다.

수학을 잘하려면 다양하게 생각의 길을 펼칠 수 있어야 합니다. 이것은 여러 시도를 통해 실패와 성공을 거두면서 만들어집니다. 수없는 시도와 실패, 성공을 통해 뇌의 다양한 영역을 연결하는 신경회로망이 형성되어야 자신의 지식을 끌어다 쓸 수 있는 뇌의 길이 만들어지거든요. 그저 배우는 데만 급급하면 머릿속에 한 가지 길만 형성되어 자신의 지식이나 정보를 상황에 맞게 끌어올 수 없어요. 그것은 머릿속에 있다 해도 길 잃은 수학 지식에 불과하답니다.

이 책은 단지 지식을 전달하려는 목적으로 쓰이지 않았습니다. 어떻게 수학적 지혜가 발현되는지를 여러분에게 소개해 수학에 흥미와 관심을 불어넣을 수 있었으면 하는 바람으로 쓰였답니다. 책의 주인공들은 선조가 남긴 암호문을 해독하기 위해 부단히 노력합니다. 누군가에게 배우거나 도움을 받지 않고 스스로의 힘과 정보를 가지고 새로운 사실들을 하나씩 도출해내면서 암호문 해독에 이르게 돼요. 나중에는 인류의 위대한 수학자인 오일러가 빙의한 것처럼 그가 발견한 정리를 찾아내기까지 한답니다. 과장된 면도 있지만, 반드시 과장만은 아니라는 것을 알아주셨으면 해요.

이 책을 통해 독자 여러분이 수학 지식을 넘어 지혜를 얻을 수 있기를 기대합니다.

본문에서 다루는 암호문은 1910년대에 RSA 알고리즘으로 작성된 것으로 나옵니다. 실제로 RSA 알고리즘은 1978년에 개발된 아이디어입니다. 이 책에서는 독자 여러분에게 정수와 암호 해독 이야기를 흥미롭게 전달하고자 가상의 시대를 설정하였음을 알려드립니다.

차례

5장 마침내 해독된 암호문

· 비대칭 암호의 대표, RSA 암호 ·

부록

1장

선조가 남긴 유산

암호의 원천은 수학!

정보의 홍수라 할 정도로 수많은 정보가 쏟아지는 시대에 살고 있지만 그 정보도 나름 각각의 가치가 있다. 아무리 귀중한 정보여도 다수가 아는 정보는 그 가치가 현저히 떨어진다. 반면 극소수만이 알고 있는 정보는 그 가치가 올라가기 마련이다. 정보화 시대에 귀중한 정보를 지키기 위해 가장 많이 쓰이는 방법이 암호이다. 따라서 얼마나 남들이 알 수 없게 암호화시키느냐는 매우 중요한 문제다. 그것을 달성하기 위해 필수적으로 필요한 기술이 수학이다. 다음의 암호문에는 어떤 수학적 원리가 숨어 있을까?

KS VCDS HC USH CIF OGGSHG
QFCGG HC RSGQSBROBHG.

NS RRJO USFFHOU CEIGOCJOJ

HY JVSVZNZBQ FIB EODZCXRI

DISKJIBVG PICW AOZRBOJS

ODDSIS. YLW NVGMVBNRBDJ OBV

SHGSMKSN KC NZGMFJOI HRVA

KWHOI SWRBMZDKKWYE TBFA

DYS OMWV. ZB YIROI HY

RQMFAZCWCY HRV DEIDYJS IFI

WLGD GWMB CEK HRV

AORBSEU YW HRV BEDPOIG

LVZYN.
〈7396979, 947〉
1430271

01

수수께끼 같은 선조의 유품

내일은 진호네 가족이 이사 가는 날이다. 진호의 방안은 발 디딜 틈 없이 너저분하다. 두 달 후면 중학교 2학년이 되는 진호는 이사를 앞두고 버릴 책을 정리하고 있다. 초등학교 책들은 대부분 필요하지 않겠지만 곧 5학년이 되는 여동생 진희를 생각하면 버리기 아까운 책들이 있다. 하긴 버리려 내놓아도 엄마의 최종 점검을 거쳐 다시 진호 품으로 돌아올 책이 있을지도 모르지만.

아직 오후 네 시밖에 되지 않았지만 두 시간여 정리하다 보니 진호는 슬슬 배가 고파졌다.

"엄마, 우리 짜장면 시켜 먹어요. 배고파서 정리할 힘이 없어요."

"나도! 나도!"

진희는 엄마 옆에서 텔레비전을 보면서 자기 몫의 짜장면 1인분을 추가했다. 오빠는 열심히 정리하고 있건만. 진호는 그 모습을 보니 약간 얄미운 생각도 들지만 세 살 위 오빠가 이해하기로 한다.

"응, 그러자. 네가 알아서 시켜봐."

안방에서 귀중품을 꺼내 정리 중인 엄마가 말했다. 진호는 단골 중국집에 전화해서 음식을 주문한 후, 마당으로 나와 내일이면 떠날 집을 쭉 훑어봤다. 할아버지 때부터 살아온 집이라 요즘은 흔치 않은 한옥이다. 마당 한 귀퉁이에는 오래전 고추장, 된장을 담았던 장독들이 소담스레 내린 눈을 모자처럼 쓴 채 옹기종기 자리하고 있었다. 진호네는 아버지의 회사 이전으로 오랫동안 대대로 살아온 강화도를 떠나 서울로 이사를 하게 되었다. 가족 모두 설렘보다는 아쉬움이 컸다.

"우와, 엄마! 이 목걸이 진짜 예쁘다. 나 주라."

진희가 말했다.

"안 돼, 엄마가 아끼는 목걸이야."

"에이……."

진희는 엄마에게 핀잔을 들으면서도 귀중품류를 연신 만지며 살펴본다. 그러다 낡은 특이한 봉투에 눈길이 갔다.

"어? 이 봉투는 뭐야? 영어로 쓰였는데……. 읽을 수가 없어."(그림 1.1)

초등학교 4학년인 진희의 영어 실력이 부족하기도 하지만, 봉투에 쓰인 영문은 전혀 뜻을 알 수 없는 단어로 이루어져 있었다. 이때 진호가 안방으로 들어오면서 진희가 들고 있던 봉투를 봤다.

"오빠, 이런 영어 단어가 있어?"

진호 역시 유심히 살펴보았지만 아무리 봐도 말이 되지 않는 단어들뿐이었다. KS, VCDS 등은 아예 모음도 없이 구성되어 있으니 더욱 그랬다.

"글쎄, 영어가 아닌 다른 나라 언어인가?"

"그거 할아버지 유품이야. 아주 중요한 물건이니까 소중하게 다뤄야

그림 1.1 오래된 서류 봉투

해."

엄마가 남매에게 말했다.

겉면에 희한한 영문자가 적힌 오래된 봉투는 진호의 호기심을 당겼다. 무슨 뜻인지 너무도 궁금해진 것이다. 진호는 엄마에게 잠시 봉투를 살펴보겠다고 했다.

"오빠, 내가 먼저 찾았어. 그러니까 내 거야!"

"이건 네 것도 내 것도 아니야. 집안 유품이라잖아. 잠깐 저 글이 무엇을 뜻하는지 살펴보려는 것뿐이야."

진호는 간신히 동생을 달랜 다음 봉투를 들고 자신의 방으로 돌아왔다. 어질러진 방이 눈에 들어오지 않았다. '도대체 이 글씨는 무엇을 뜻하는 것일까?' 한참을 생각했지만 도저히 알 수 없는 희한한 말이었다. 글의 뜻도 뜻이지만, 시간이 지나면서 봉투 안에 무엇이 들어 있을지도 궁금해졌다.

봉투의 무게로 보아 종이 한두 장 정도만 들어 있는 것 같았다. 봉투는 여러 차례 뜯긴 흔적으로 너저분했다. 부모님 허락 없이 봉투 속을 들여

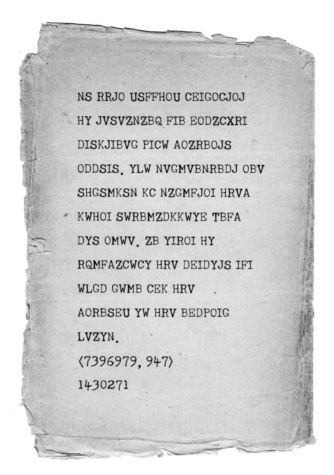

NS RRJO USFFHOU CEIGOCJOJ
HY JVSVZNZBQ FIB EODZCXRI
DISKJIBVG PICW AOZRBOJS
ODDSIS. YLW NVGMVBNRBDJ OBV
SHGSMKSN KC NZGMFJOI HRVA
KWHOI SWRBMZDKKWYE TBFA
DYS OMWV. ZB YIROI HY
RQMFAZCWCY HRV DEIDYJS IFI
WLGD GWMB CEK HRV
AORBSEU YW HRV BEDPOIG
LVZYN.
⟨7396979, 947⟩
1430271

그림 1.2   오래된 유물

다보면 안 되겠지, 갈등하던 것도 잠시. 진호는 궁금함을 못 이기고 봉투를 개봉했다. 봉투 안에는 예상대로 종이 한 장이 들어 있었다. 거기에는 봉투 겉면처럼 알 수 없는 영문이 빼곡히 적혀 있었다. 마지막 줄에는 수수께끼 같은 숫자도 쓰여 있었다.(그림 1.2)

진호는 그날 저녁 퇴근한 아버지에게 봉투의 의미를 여쭤봤다.

"음, 그 봉투는 100여 년 전 너희들 증조할아버지께서 남겨주신 유품이야. 아주 중요한 물건이라며 전해주셨다고 들었다. 몇 년 전에 돌아가신 너희 할아버지도 나에게 이 봉투를 전해주시면서 중요한 것이니 간직하라고만 하셨지 의미는 모르겠다고 하셨어. 처음에는 나도 굉장히 궁금해서 해석해보려고 했는데 쉽지 않더라고. 시간이 지나면서 그 봉투에 대한 기억이 사라져버렸네. 어차피 나도 너희에게 전해주려고 했는데 미리 발견했으니 주마."

진호는 아버지에게 전해 받은 봉투를 가방에 잘 보관해두었다.

02
유한소수와 순환소수

진호는 이사 정리가 마무리되자마자 아버지에게 받은 봉투를 두 장 복사했다. 그러고는 원본은 책상 깊은 곳에 보관해두고, 사본 한 장은 코팅해서 책상 앞 잘 보이는 곳에 걸어놓았다. 나머지 한 장은 언제나 꺼내볼 수 있게 가방에 넣어 가지고 다녔다. 처음 며칠 동안은 겉면에 쓰인 영문의 의미를 파악하려고 노력했지만 오리무중이었다. 포르투갈어? 아니면 러시아어나 스페인어? 주어진 문장이 다른 나라의 언어로 쓰인 것이 아닌가 하는 의심이 들어 관련 사전을 죄다 살펴보았지만 그 어느 나라의 언어도 아니었다. 해석도 되지 않고 하루하루 시간이 지나자 해석에 대한 욕구가 서서히 줄어들었다. 무엇보다 진호는 새로운 환경에 적응하는 일이 더 시급했다.

처음 하는 아파트 생활은 어느 정도 익숙해졌지만 방학 중에 학원에 다니는 일은 쉽지 않았다. 배우는 내용의 수준이 높아졌고, 주변 아이들과 친해지는 것도 막막했다. 다행히 한 친구와는 자연스럽게 친해질 수 있었다. 그 아이는 수학 실력이 상당했는데 잘난 체하거나 나서지 않는 스타일이었다. 진호는 궁금한 내용이 생기자, 선생님에게 묻지 않고 용기 내어 그 친구, 민준에게 물었다.

"민준아, 이해가 안 되는 문제가 있는데 설명 좀 해줄래?"

"무슨 문제인데?"

민준은 낯선 아이가 당당하게 이것 좀 알려달라고 다가오는 게 싫지만은 않았다. 예고 없이 던지는 질문에 적잖이 당황했지만, 진호의 그 당당함이 좋았다.

"모든 분수는 왜 유한소수 아니면 순환소수가 되는 거야?"

모든 분수는 왜 유한소수 혹은 순환소수가 될까?

"어떤 경우가 유한소수가 되는지는 알고 있어?"

"그야 분모의 수가 2와 5로만 소인수분해되는 분수가 유한소수지. 가령 분모가 10, 20, 125인 경우 이들을 소인수분해하면 2와 5의 조합으로 구성되잖아."

$$\frac{3}{10} = 0.3 \qquad \frac{7}{20} = 0.35 \qquad \frac{2}{125} = 0.016$$

$$\uparrow \qquad\qquad \uparrow \qquad\qquad \uparrow$$

$$10 = 2 \times 5 \qquad 20 = 2^2 \times 5 \qquad 125 = 5^3$$

"그래, 맞아. 그런데 분모가 7이거나 12, 21일 때는 소인수분해된 수가 2와 5가 아닌 다른 수를 포함하고 있어. 그래서 순환소수가 되는 거지."

$$\frac{1}{7} = 0.142857142857142857\cdots = 0.\overline{142857}$$

$$\frac{1}{12} = \frac{1}{2^2 \cdot 3} = 0.08333\cdots = 0.08\overline{3}$$

$$\frac{1}{21} = \frac{1}{3 \cdot 7} = 0.047619047619047619\cdots = 0.\overline{047619}$$

"각 분수에서 순환되는 수들을 순환마디라고 불러. 순환마디에 해당하는 숫자들 위에는 선으로 표시하면 돼. 그건 그렇고 왜 2와 5로만 소인수분해된 수가 분모로 있을 때만 유한소수이고, 그 외의 수가 포함된 분수는 순환소수가 될까?"

"그건 우리가 10진법의 수 체계를 사용하기 때문인 것으로 알고 있어."

10진법에서 분모가 2와 5로 이뤄진 분수는 항상 유한소수이다.

"맞아. 10을 소인수분해하면 2와 5의 곱이잖아. 그래서 이런 현상이 생기는 거야. 분수 $\frac{7}{20}$, $\frac{2}{125}$를 10진법의 전개식으로 나타내볼게.

$$\frac{7}{20} = \frac{7 \times 5}{20 \times 5} = \frac{35}{100}$$
$$= \frac{30}{100} + \frac{5}{100} = \frac{3}{10} + \frac{5}{10^2} = 0.35$$

$$\frac{2}{125} = \frac{2 \times 8}{125 \times 8} = \frac{16}{1000}$$
$$= \frac{10}{1000} + \frac{6}{1000} = \frac{1}{10^2} + \frac{6}{10^3} = 0.016$$

분수를 소수로 표현하려면 분모를 10의 거듭제곱으로 바꿔줘야 해. 그런데 앞의 경우처럼 2와 5로 이뤄진 분모는 10, 10^2 등의 거듭제곱의 수들로 변환이 가능하므로 유한소수가 될 수 있지만, 예를 들어 분모가 7인 분수는 절대 10의 거듭제곱으로 나타낼 수 없기에 유한소수가 될 수 없어. 내가 왜 그런지 과정을 보여줄게.

$$\frac{1}{7} = \frac{10}{70} = \frac{\frac{10}{7}}{10} = \frac{1+\frac{3}{7}}{10} = \frac{1}{10} + \frac{3}{70} \tag{2.1}$$

$\frac{1}{7}$의 분모를 〈식 2.1〉과 같이 $\frac{1}{10}$로 바꾸는 데 성공했지만 그 결과 원하지 않은 부산물인 $\frac{3}{70}$을 얻게 됐어."

"아…… 그래서?"

진호는 묵묵히 듣고 있었다.

"남아 있는 수인 $\frac{3}{70}$도 10의 거듭제곱으로 나타내야 하겠지. 네가 해볼래?"

"응?"

진호는 당황했지만 물러서기 싫었다. 민준과 친해지고 싶어 건넨 질문이었는데, 초반부터 기가 죽고 싶지는 않았다. 민준이 처리한 〈식 2.1〉을 뚫어져라 쳐다보며 생각을 정리한 진호는 수 $\frac{3}{70}$을 10진법 체계로 표현해보는 것을 시도했다.

$$\frac{3}{70} = \frac{30}{700} = \frac{\frac{30}{7}}{100} = \frac{4+\frac{2}{7}}{100} = \frac{4}{100} + \frac{2}{700}$$

"잘하네. 분모 70을 10의 거듭제곱으로만 나타내려고 애를 썼건만 원하지 않은 분모 700을 마주하게 되었어. 분명 700도 처리하려고 하면 분모에 7000이 나타날걸? 이후의 과정을 정리하면 이렇게 될 거야."

$$\frac{1}{7} = \frac{1}{10} + \frac{3}{70}$$
$$= \frac{1}{10} + \frac{4}{10^2} + \frac{2}{700}$$
$$= \frac{1}{10} + \frac{4}{10^2} + \frac{2}{10^3} + \frac{6}{7000}$$
$$= \quad \cdots$$
$$= \frac{1}{10} + \frac{4}{10^2} + \frac{2}{10^3} + \frac{8}{10^4} + \frac{5}{10^5} + \frac{7}{10^6} + \frac{1}{10^6} \times \frac{1}{7}$$

순간 진호는 깨달은 바가 있었다.

"어? 위의 맨 밑의 식에서 $\frac{1}{10^6} \times \frac{1}{7}$ 의 $\frac{1}{7}$ 은 같은 과정을 반복하게 되겠네. 그러니까 같은 결과가 끝없이 이어져서 순환소수가 되겠구나."

$$\frac{1}{7} = \frac{1}{10} + \frac{4}{10^2} + \frac{2}{10^3} + \frac{8}{10^4} + \frac{5}{10^5} + \frac{7}{10^6} + \frac{1}{10^6} \times \boxed{\frac{1}{7}}$$
$$= \frac{1}{10} + \frac{4}{10^2} + \frac{2}{10^3} + \frac{8}{10^4} + \frac{5}{10^5} + \frac{7}{10^6} + \frac{1}{10^6}$$
$$\times \left(\frac{1}{10} + \frac{4}{10^2} + \frac{2}{10^3} + \frac{8}{10^4} + \frac{5}{10^5} + \frac{7}{10^6} + \frac{1}{10^6} \times \frac{1}{7} \right)$$

진호는 고개를 끄덕이면서 민준이 쓴 수식을 음미했다.

"그런데 내가 묻는 것은 이게 아닌데……."

순환소수가 되는 이유

"네가 궁금해하는 것은 사실 순환소수가 왜 같은 수를 반복하게 될 수밖에 없는지 그 이유가 알고 싶다는 거잖아."

"그래, 맞아. 순환소수는 항상 어떤 수의 배열(순환마디)이 계속 반복하게 된다고 하는데 나는 그게 의심스럽거든. 진행되다가 다른 수의 배열도 나올 수 있지 않을까?"

순환소수는 왜 같은 수의 배열이 끝없이 이어질 수밖에 없는가?

진호는 멋쩍게 웃으며 민준이 어떻게 설명을 해나갈지 기다렸다.

"초등학생도 할 수 있지만, 먼저 $\frac{1}{7}$의 계산과정을 꼼꼼히 적으면서 계산해볼래?"

민준의 말에 진호는 약간 기분이 상했지만 그의 말대로 노트에 계산을 써나갔다. 민준은 진호가 계산한 과정에서 〈그림 3.1〉과 같이 몇 개의 수를 색으로 표시했다.

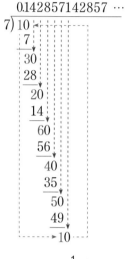

그림 3.1 $\frac{1}{7}$의 계산

"내가 색깔로 표시한 수들은 어떤 공통점이 있을까?"

자신이 계산한 과정이라 진호는 빠르게 알아냈다.

"그야 7로 나눈 나머지잖아."

"그래, 맞아! 그러면 7로 나눈 나머지로 가능한 수는 무엇일까? 나눠떨어지지 않는다면 분명 1에서 6까지의 수만이 가능하지 않겠어?"

자신의 얘기를 듣고 골똘히 생각에 잠긴 진호의 모습을 보고 민준은 설명을 멈추었다. 진호는 놀라웠다. 지금껏 아무 의미도 없이 해왔던 나눗셈 계산과정에서 심오한 의미가 숨겨져 있음을 깨달았기 때문이다.

"그렇구나! 나눈 몫만이 1, 4, 2, 8, 5, 7로 반복하는 것이 아니라 나머지도 3, 2, 6, 4, 5, 1로 반복하고 있어. 처음에는 1을 7로 나눴는데 진행하다

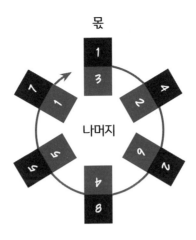

몫

나머지

그림 3.2 1을 7로 나눴을 때 몫과 나머지가 일정한 주기 6으로 계속 순환한다.

보면 1이라는 나머지가 나오게 되고 그때부터는 다시 처음과 같은 계산 과정을 반복할 수밖에 없어. 이러니 몫이 계속 반복될 수밖에 없구나."

나눗셈에서 나눠주는 수의 나머지 개수는 유한하므로
계산의 반복이 이루어질 수밖에 없는 구조가 순환소수이다.

"이 문제는 쉬운 편이야. 너도 조금만 생각하면 풀 수 있는 문제인데, 뭐."

이날 진호는 민준에게 수업이 끝난 후 같이 집에 가자고 말하며 씩~ 미소를 짓고 자리로 돌아왔다.

1.1 ☆

$\frac{1}{7}$을 소수로 표현하면 $0.142857142857\cdots$로 142857이 반복되는 순환소수이다. 이때 142857을 순환마디라 하고 6개의 수가 반복되므로 6을 순환마디의 길이라 한다.

(1) $\frac{1}{3}$, $\frac{1}{11}$, $\frac{1}{13}$의 순환마디와 순환마디의 길이를 각각 구하라.

(2) 아래의 표는 분모가 소수인 분수의 순환마디 길이의 몇 가지 예이다. (1)에서 구한 결과와 더불어 분모가 소수인 분수의 순환마디의 길이에는 어떤 규칙이 있을까?

분수(유리수) $\frac{1}{p}$	$\frac{1}{17}$	$\frac{1}{19}$	$\frac{1}{23}$	$\frac{1}{29}$	$\frac{1}{31}$	$\frac{1}{37}$	$\frac{1}{41}$
순환마디의 길이	16	18	22	28	15	3	5

1.2 ☆☆

지금으로부터 약 5천 년 전 고대 이집트인들은 $\frac{1}{3}$, $\frac{1}{5}$, $\frac{1}{7}$ 등 분자가 1인 분수들만을 사용했다. 이러한 분수를 '단위분수'라 하는데, 이집트에서 시작되었기에 '이집트식 분수'라 부르기도 한다. 단위분수의 사용 흔적은 고대 이집트의 문양인 '호루스의 눈'에서도 엿볼 수 있다. 이집트인들은 호루스의 눈 전체를 1로 하여 아래 그림과 같이 여섯 개의 부분으로 나누어 각 부분을 단위분수로 배치하였다. 실제로 더하면 $\frac{1}{64}$만큼 부족한데, 그 유래는 다음과 같다.

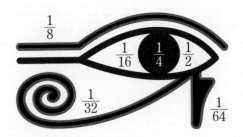

호루스는 자신의 아버지 오시리스를 죽이고 왕이 된 세트를 죽여 복수를 하고 이집트의 왕이 되었다. 그러나 세트가 죽기 전 호루스의 왼쪽 눈을 먹어버렸는데 지식과 달의 신인 토트가 부족한 부분을 채워 1이 되게 하여 치유해주었다고 한다.

(1) 이집트인들은 모든 분수를 단위분수들의 합으로 표현하려고 했다. 그런 방법으로 대표적인 아이디어를 중세 이탈리아 수학자 피보나치(1170?~1250?)가 제안했다. 기본적인 아이디어는 주어진 분수보다 작은 단위분수를 찾아 뺀 후 남은 수에 이 과정을 반복하는 것이다. $\dfrac{5}{11}$ 를 이 알고리즘을 이용해서 단위분수로 표현하는 방법은 다음과 같다.

step 1. $\dfrac{1}{3} < \dfrac{5}{11} < \dfrac{1}{2}$ 이고, $\dfrac{5}{11} - \dfrac{1}{3} = \dfrac{4}{33}$ 이므로

$$\dfrac{5}{11} = \dfrac{1}{3} + \dfrac{4}{33}$$

step 2. $\dfrac{1}{9} < \dfrac{4}{33} < \dfrac{1}{8}$ 이고, $\dfrac{4}{33} - \dfrac{1}{9} = \dfrac{1}{99}$ 이므로

$$\dfrac{4}{33} = \dfrac{1}{9} + \dfrac{1}{99}$$

$$\therefore \ \dfrac{5}{11} = \dfrac{1}{3} + \dfrac{4}{33} = \dfrac{1}{3} + \dfrac{1}{9} + \dfrac{1}{99}$$

이 방법을 이용해서 $\dfrac{5}{21}$ 를 단위분수들의 합으로 표현하라.

(2) 단위분수만을 사용해서 분수를 나타내는 또 하나의 방법으로 연분수가 있다. 실제로 고대 그리스인들은 무리수의 표현을 연분수를 통해 나타내고 계산하였다고 한다. 분수를 연분수로 나타내는 방법은 다음과 같다.

$$\frac{41}{17} = 2 + \frac{7}{17} = 2 + \frac{1}{\frac{17}{7}} = 2 + \frac{1}{2 + \frac{3}{7}}$$

$$= 2 + \frac{1}{2 + \frac{1}{\frac{7}{3}}} = 2 + \frac{1}{2 + \frac{1}{2 + \frac{1}{3}}}$$

역의 과정으로 연분수를 분수로도 바꿀 수 있다. 아래의 연분수를 분수로 바꿔라.

$$3 + \frac{1}{2 + \frac{1}{1 + \frac{1}{1 + \frac{1}{4}}}}$$

(3) (이 문제는 무리수를 배운 분들이 도전!)

연분수는 (2)의 문제와 같이 유한한 연분수가 있는 반면 무한한 연분수도 존재한다. 모든 유리수는 (1)의 문제와 같이 유한한 연분수로 표현이 가능하다. 반면 이차방정식의 해가 되는 무리수는 꼬리들이 반복되어 나타나는 순환연분수를 취하게 된다. $\sqrt{2}$ 를 순환연분수로 바꾸고, 반대로 다음의 순환연분수는 어떤 무리수인지 구하라.

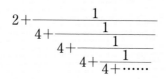

2장

오래된 문서와 암호

소수가 수학에서 차지하는 의미

1과 자기 자신만을 약수로 가지는 소수. 정의도 쉽고 이미 수천 년 전부터 연구가 이루어진 소수가 아직도 그 위력을 발휘하는 까닭은 무엇일까? 그것은 소수가 지닌 불규칙성 때문이다. 거대한 불규칙 속에 담긴 작은 규칙성을 찾아 소수를 정복하기 위한 인간의 노력은 아직도 현재진행형이다. 지금까지 찾아낸 가장 큰 소수는 2018년 12월에 51번째 메르센 소수로 추정되는 $2^{82589933} - 1$이다. 자릿수만 무려 2486만 2048개에 이른다. A4 용지 한 장에 2만 개의 수를 적는다고 해도 무려 1000장 이상이 필요한 광대한 수이다. 다음 그림에 나열된 수들이 이 수의 시작 부분으로 전체 수 중에서 너무도 작은 일부분에 해당한다.

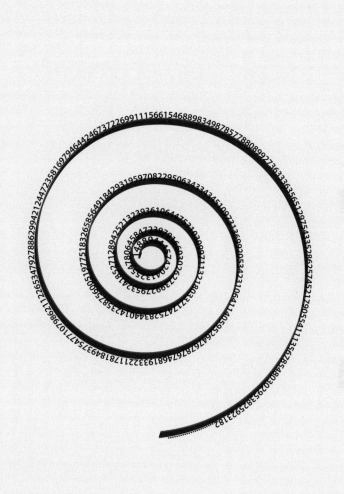

04
시저 암호

진호와 민준은 수학 학원을 함께 다니며 부쩍 가까워졌다. 얼마 후, 진호는 민준을 자신의 집에 초대했다. 민준은 진호의 방을 구경하다가 벽에 붙은 종이에 시선이 머물렀다.

"진호야, 저 영문으로 적힌 건 뭐야? 전혀 뜻이 없는 영문으로 적혀 있는 걸 보면 무슨 암호 같은데."

"암호? …… 그래, 암호일 수 있겠구나. 내가 왜 거기까지 생각하지 못했을까?"

진호는 민준에게 뜻이 통하지 않은 영문을 얻게 된 과정을 말해주었다. 무엇보다 암호일 수 있겠다는 생각이 드니 그동안 잠자고 있던 욕구가 다시 튀어나왔다. 그때 진호의 입장에서 불청객이 등장했다.

"오빠, 뭐해?"

방문을 살짝 열면서 안을 빼꼼히 쳐다보는 진희.

'귀찮게 왜 내 방에 들어오냐'라고 진호가 말하기도 전에 민준이 진희를 반갑게 맞아주었다.

"아, 진호 동생인가 보구나. 내 방은 아니지만 어서 들어와."

진희는 오빠의 매서운 눈빛을 애써 외면하고 조용히 둘의 얘기를 듣기만 했다. 잠시 흘겨보던 진호는 민준이 꺼낸 암호 이야기를 이어갔다.

"암호라 생각하니 그럴싸하긴 하다. 그런데 저 암호를 어떻게 해석해야하나? 암호에 대해서는 전혀 아는 바가 없어. 혹시 좀 아니?"

"음, 어떤 책을 읽으면서 알게 된 유일한 암호가 하나 있어. 영어의 알파벳을 몇 자리씩 이동시키는 방법이거든. 가령 대문자 판을 왼쪽으로 한 칸 이동시키면 〈그림 4.1〉과 같이 알파벳 'A'가 'z'에 대응될 거야."

**영문의 알파벳을 이동시켜 다른 알파벳에
대응시키는 암호를 시저 암호라 한다.**

그러면서 민준은 하나의 단어를 예로 암호화하는 과정을 보여주었다.

"예를 들어 영어단어로 'mathematics'를 암호로 만들면 〈그림 4.1〉에서 보듯이 'm'은 'N'과 대응되고, 'a'는 'B', 't'는 'U'에 대응되잖아. 나머지에 대해서도 같은 방법으로 대응시키면 'mathematics'란 영문이 'NBUIFNBUJDT'로 암호화되겠지. 이 단어가 'mathematics'인지 도무지 알 수가 없잖아."

어깨너머로 듣고 있던 동생 진희는 자신이 전혀 모르는 암호에 대해 쉽게 설명하는 오빠 친구, 민준이 너무도 멋있게 보였다.

"아, 말로만 듣던 암호라는 게 이런 거구나. 민준 오빠, 대단해! 그러면 저 말도 되지 않는 영문도 이렇게 접근하면 풀리지 않을까?"

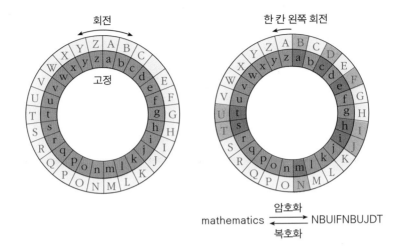

mathematics ⇄ NBUIFNBUJDT
암호화
복호화

그림 4.1 (왼쪽 그림) 원판으로 구성된 문자열 중 대문자로 구성된 바깥쪽 링은 좌우로 이동이 가능하다. (오른쪽 그림) 바깥쪽 대문자 판을 왼쪽으로 한 칸 이동시키면 m에 대응되는 문자는 N, a는 B, t는 U, …에 대응된다. 따라서 평문 'mathematics'는 암호화 과정을 거쳐 암호문 'NBUIFNBUJDT'로 되고, 같은 원판을 사용해서 평문으로 전환이 가능하다.

05

영문의 빈도수

진호는 봉투의 겉면에 쓰인 영문을 민준이 설명해준 〈그림 4.1〉의 암호 키를 가지고 암호문을 바꿔보았다.

NS RRJO USFFHOU CEIGOCJOJ HY JVSVZNZBQ FIB EODZCXRI
ot sskp **vteeipv** dfjhpdkpk ······

표 5.1 봉투 앞면에 쓰인 암호문

아무래도 이건 아니다. 바뀐 영문 역시 말이 되지 않았다.

"하나만 이동한 것이 아니라 둘, 혹은 셋 이상 이동한 것일 수도 있지 않을까?"

민준의 말에 진호는 생각에 잠겼다가 이윽고 말문을 열었다.

"그러면 알파벳이 모두 26개이니 총 25개의 경우를 검토해야 한다는 말인데, 그리 좋은 방법은 아닌 것 같아."

"오빠, 암호가 너무 재밌고 이해하기가 쉽네. 내가 두 칸 이동할 테니까 오빠 둘이 세 칸, 네 칸을 체크해봐. 이런 식으로 하다 보면 언젠가는 맞지 않겠어?"

진희가 들뜬 목소리로 말했다.

"야, 방금 이야기했지만 그건 너무 수준 낮은 방법이라고. 수학적이지 않아. 그리고 넌 왜 끼어들어, 알지도 못하면서."

한 칸 한 칸 이동하며 모든 경우를 체크하는 것은 너무도 수학적이지 않다.

"왜 그래, 오빠. 나도 이해했어. 그리고 이 방식으로 안 하면 어떻게 하겠다는 건데? 뭐 뾰족한 수라도 있어?"

진희의 말에 진호는 마땅한 답변이 떠오르지 않았다. 하긴 그렇다. 당장 해결할 방법은 진희가 말한 방법뿐이었다. 그저 눈을 흘겨볼 뿐 진호는 할 말이 없었다. 옆에 있던 민준이 중재에 나섰다.

"그래, 진희 말이 옳아. 딱히 다른 방법이 있는 것도 아니면 하나씩 대조해보는 것이 최선이겠어. 그중에 하나가 맞으면 100여 년 만에 이 봉투의 의미를 해석할 수 있게 되잖아."

"그럼 너희 둘이 해봐. 나는 내 나름대로 한 번에 해결하는 방법을 생각해볼 거야."

민준의 말에 풀이 죽은 진호는 씩씩대며 뚫어져라 암호문을 살펴봤다. 암호문의 첫 글자인 'NS'가 의미 있는 영어단어가 되기 위해서는 두 글자 중 하나가 모음이어야 할 것이다. 하지만 'N'과 'S' 중 어떤 문자가 모음 'a, e, i, o, u'에 해당하는지를 알아야 했다. 'N'이 5개의 모음 중 하나일까, 아니면 'S'가? 경우로 따지면 총 10가지가 발생한다. 25가지를 대조하는 것보다는 낫지만 역시 번거롭다는 느낌을 지울 수 없었다.

그 사이 진희와 민준은 두 칸과 세 칸 이동하는 경우를 거의 끝내가고 있었다. 진호는 두세 번 더 하면 지쳐 떨어지리라 생각했다.

이때 진호의 머릿속에 문득 '영어에서 어떤 문자가 가장 많이 쓰일까?' 하는 의문점이 생겨났다. 'q', 'x', 'z' 등은 잘 쓰이지 않지만 'a', 'e', 'i', 'o', 'u'와 같은 모음은 빈번하게 사용한다. 경험상 충분히 알 수 있는 사실이었다. 그러면? 가장 많이 쓰이는 영어 문자를 암호문에서 가장 많이 쓰인 문자와 대응하면 되지 않을까? 단순하게 알파벳을 다른 알파벳으로, 일대일 대응하듯 변환하기 때문에 원래의 영문 빈도수에 대한 정보를 암호문의 문자열도 가지고 있을 게 틀림없다. 그리고 이 정보는 이런 암호 해석에 두고두고 써먹을 수 있는 것이 아닌가!

영어 문장에서 가장 많이 쓰이는 알파벳은 무엇일까?

자리에 일어선 진호는 책꽂이에서 아무 영어책을 꺼내들고 임의의 페이지 한 단락에서 영어 문자의 빈도수를 살펴보았다. 일일이 세어나가는 일이 꽤 귀찮았지만 어떤 문자인지 알아내면 이 사실은 계속 이용할 수 있는 중요한 정보가 될 것이었다.

한편 진희와 민준은 서로 임무를 달리하면서 암호문을 평문으로 바꾸려고 노력했지만 쉬운 일이 아니었다. 진희는 8칸 이동하는 것까지 그럭저럭 진행했지만 10칸 이동한 것을 따지려 하니 슬슬 짜증이 밀려오기 시

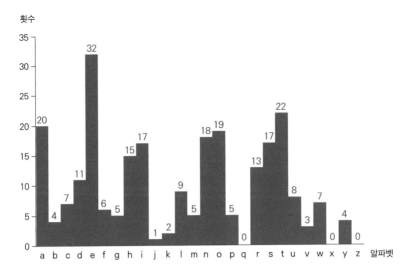

그림 5.2 진호가 영어책 일부에서 조사한 영문 빈도 횟수

작했다.

'오빠 말을 들을걸 그랬나? 아니야, 분명 오빠는 방법을 찾아내지 못할걸? 무식한 방법이라도 이렇게 해결하면 나한테 꼼짝 못 하겠지, 흥.'

진희는 슬쩍 민준 오빠를 보았다. 역시나 지쳐 보였다. 그 사이 진호는 임의로 펼친 영어책의 영문 빈도수를 조사했다. 그러고는 〈그림 5.2〉와 같이 그래프로 멋지게 표현했다.(〔부록 1〕 영문의 빈도수)

가장 많이 등장하는 문자는 e였다. 비록 하나의 단락에 대해 조사했기에 항상 문자 e가 가장 많이 나온다고 단정 짓기는 어렵지만, 많이 쓰이는 문자 중 하나가 될 것임은 확실했다. 진호는 재빨리 암호문의 문장에서 가장 많이 쓰인 문자가 무엇인지 세어보았다. 문장이 짧아서 빈도수에 대응시키는 방법으로 실제의 의미에 정확하게 대응시키는 데 오차가 다소 있을 수 있겠지만 큰 차이는 나지 않을 것이다. 문자 'G'가 7번으로 가장

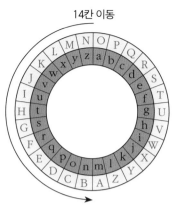

14칸 이동

그림 5.3　암호문의 복호화 열쇠

많이 등장했고, 다음이 6번 나온 'S'였다.

　자신의 추측대로라면 'e'가 가능한 문자는 가장 많이 쓰인 'G' 혹은 다음으로 많이 쓰인 'S'를 예상할 수 있었다. 먼저 'G'를 'e'에 대응시켜 만들어지는 해독열쇠로 시도했다. 하지만 전혀 말이 되지 않는 영문으로 바뀌었다. 실망했지만 'S'까지는 확인해봐야 했다. 총 14번 이동한 셈이니 암호화 열쇠는 〈그림 5.3〉이 될 것이다. 완벽했다. 이 암호화 열쇠로 봉투에 쓰인 암호문의 복호화가 가능했다. 암호문은 아래의 〈표 5.4〉와 같이 완벽한 영어 문장으로 재탄생했다.

KS VCDS HC USH CIF OGGSHG QFCGG HC RSGQSBROBHG.
We hope to get our assets cross to descendants.
우리의 자산이 후손들에게 전달되기를 희망한다.

표 5.4　〈그림 5.3〉의 암호화 열쇠로 암호문을 복호화한 결과

**복호화는 암호화의 역순으로 암호화되기 전 상태로 되돌리는 것을 말한다.
디코딩(decoding)이라고도 한다.**

겉봉투의 비밀이 풀렸다. 진호는 자신의 해석방법, 그리고 암호문에 쓰인 놀라운 비밀을 확인한 순간 얼어붙었다. 스스로 암호를 풀었다는 뿌듯함은 순식간에 사라졌다. 정작 선조들이 후대에 전하려는 중요한 메시지는 봉투 안 종이에 쓰여 있다는 말이었으니까. 얼이 빠진 진호를 깨운 것은 진희의 비명소리였다.

"카악, 오빠. 이것 봐!"

진희는 진호와 마찬가지로 14번의 이동을 통해 똑같이 암호문을 해석했다.

06

혼돈 속에 숨어 있는 규칙

열정적인 토론을 한 그날 이후 며칠이 흘러갔다. 봉투 겉면의 메시지를 해석하는 데는 성공했지만 다음이 문제였다. 봉투 안 종이에 적힌 또 다른 암호문은 앞서의 방법으로 전혀 해독이 되지 않은 것이다. 진호는 며칠에 걸쳐 여러 방법을 시도해보았지만 큰 소득은 없었다. 그가 거쳤던 과정을 복기해보자.

암호문의 빈도수를 분석하니 〈그림 6.1〉과 같았다.

가장 많이 쓰인 'T'와 'O'를 앞서의 방법처럼 각각 'e'로 대응시켜 만든 암호키로 해독하려 했지만 평범한 영어 문장으로 전혀 바뀌지 않았다. 다음으로 많이 쓰인 'S'도 마찬가지였다. 앞서의 방법과 다른 암호문임이 확실했다.

사실 진호는 직감적으로 기존 해석방법으로는 해독이 되지 않으리라 느끼고 있었다. 왜냐하면 암호문의 영문 빈도수가 통상적인 빈도수와 이질감이 있었기 때문이다. 비록 암호문의 영문이 다른 영문으로 대응되겠

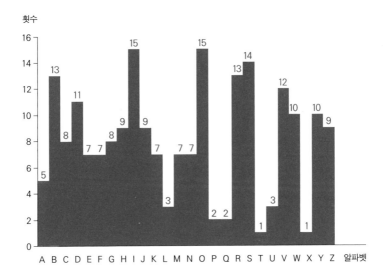

그림 6.1 암호문에 쓰인 영문 빈도수

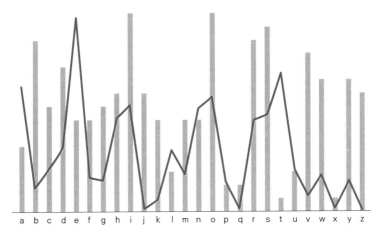

그림 6.2 실선은 〔부록 1〕의 통상적 빈도수, 막대그래프는 〈그림 6.1〉의 암호문의 빈도수이다. 두
빈도수의 변화 추세가 확연히 다름을 보여주고 있다.

지만, 실제로 〔부록 1〕의 통상적인 빈도수와 암호문에 쓰인 영문 빈도수
를 비교한 〈그림 6.2〉를 보면 확연히 다름을 알 수 있다. 암호문에서 빈도
값의 변화 추세가 완전히 다르기 때문이었다.

하지만 아는 것이 그것뿐이라 그 주변에서만 맴돌 뿐 전혀 진전이 이뤄지지 않았다. 고심의 시간만 하염없이 흘러가고 암호 해석을 위한 진전은 전혀 한 발자국도 내딛지 못했다. 그런데 전혀 엉뚱한 상황에서 해석의 실마리를 찾게 되었다.

방학이 끝나가고 개학이 점점 다가오던 어느 날, 진호는 자신이 항상 무시하던 동생에게서 뜻밖의 이야기를 들었다.

"오빠, 내가 계속 그 암호를 생각했는데 희한한 점 한 가지를 찾아냈어."

진희가 새로운 사실을 알아내다니. 그보다 놀라운 것은 끈기가 없다고 생각했던 진희가 이 문제를 가지고 그렇게 오랫동안 고민했다는 점이었다. 진호의 눈이 순간 휘둥그레졌다.

"네가, 해석했다는 거야? 그럴 리가……."

"해석했다는 것은 아니고……. 그런데 왜 오빠는 항상 나를 무시하는 거야?"

"아, 미안. 그래, 무엇을 알아냈다는 거지?"

"오빠, 나도 뭔가 하면 열심히 하거든요. 이 암호문에서는 반복되는 문자가 보여. 내가 밑줄로 표시한 것을 봐."

과연, 그랬다. 문자의 빈도에만 몰두하다 보니 〈표 6.3〉처럼 같은 문자가 반복되는 것을 진호는 알아채지 못했다.

"내 생각엔 HRV는 모두 같은 단어일 거야. 이 사실을 어제 알아내고 나 혼자 해결해서 오빠를 짠~ 놀래켜주려고 했지만 잘 안 되네. 그래서 할 수 없이 같이 의논하려고 알려주는 거야."

```
NS RRJO USFFHOU CEIGOCJOJ HY JVSVZNZBQ FIB EODZCXRI

DISKJIBVG PICW AOZRBOJS ODDSIS. YLW NVGMVBNRBDJ OBV

SHGSMKSN KC NZGMFJOI HRVA KWHOI SWRBMZDKKWYE TBFA

DYS OMWV. ZB YIROI HY RQMFAZCWCY HRV DEIDYJS IFI

WLGD GWMB CEK HRV AORBSEU YW HRV BEDPOIG LVZYN.
```

표 6.3 암호문에서 반복되는 단어 HRV

반복되는 문자열 HRV는 같은 단어를 뜻하나?

'제법이네.' 진호는 진희의 열정에 상당히 놀랐다. 항상 어리다고 무시해온 동생이 스스로 생각해서 이런 사실을 찾아내다니. 대견했다. 이제는 왜 같은 단어의 조합이 나오는지, 그 이유를 찾아내야 한다. 어떤 식으로 암호문을 만들었을까? 기존의 방법과는 다르게 작성되었지만 같은 단어가 반복해서 나오는 것을 보면 완전히 다른 식으로 만들어진 암호는 아닐 것이다. 그때 진호의 머릿속에 어떤 생각이 스쳤다.

"진희야, 그때 민준이랑 같이 한 암호문 작성법은 이미 다 알고 있지?"

"그럼!"

"아마도 그 암호문은 제일 간단한 형태일 거야. 웬만하면 누구나 알 수 있는 형태. 그런데 암호는 다른 사람은 알아채지 못하게 하고, 서로 약속한 사람끼리만 뜻이 통하게 만들어져야 해. 그러려면 본래 뜻이 풀리지 않게 더 복잡해져야겠지. 너라면 어떻게 암호를 새롭게 만들겠니?"

진희는 이렇다 할 생각이 떠오르지 않았다.

"여러 개를 섞어 쓰는 거야."

진호가 말했다.

"무슨 뜻이야?"

진희가 고개를 갸웃거리며 말했다.

"그러니까 봉투 안에서는 지난번과 같은 암호체계를 여러 개 사용했다는 거야. 물론 확인해봐야겠지만."

분명 진호는 확신에 찬 얼굴이었다. 스스로도 의아해하는 표정이었다. 왜 그런 방법이 머릿속에 떠오른 걸까. 너무 오래 고심하다 보니 조상님이 자신에게 준 선물일까? 진호가 떠올린 아이디어는 무엇일까?

07

소수와 합성수

진호는 자신의 생각이 들어맞는지를 동생 진희에게 설명하며 확인해보기로 했다.

"너, 소수에 대해 알고 있냐?"

소수는 새로운 학교에서 5학년을 맞이하는 진희가 곧 배우게 될 내용이었다.

"소수? 그걸 모를까? 1.2나 7.9203 등을 말하는 거잖아."

"물론 그것도 소수(小數)야. 그런데 내가 물어본 소수(素數)는 1과 자기 자신만으로 나누어떨어지는 1보다 큰 양의 정수를 말해."

"음? 소수가 또 있어?"

"응. 먼저 약수에 대해 설명해볼게. 어떤 수 n이 있다고 해보자. 이때 그 수를 나눠떨어지게 하는, 그러니까 나머지가 0이 되게 하는 수를 n의 약수라고 해. 예를 들어 6은 3으로 나눠떨어지므로 3은 6의 약수야. 쉽게 약수(約數)의 한자 뜻을 봐도 이해할 수 있지. 약수의 약(約)이 '나눗셈하다',

'묶다'라는 뜻을 가지고 있거든.

내가 몇 가지 사례를 적어볼게. 〈표 7.1〉의 수들 중에서 2, 3, 5와 같이 약수가 1과 자신의 수로만 이뤄진 수들을 소수라고 불러. 반면 4는 2로 나뉘지고 6은 2와 3으로도 나눠지지. 이런 수들은 합성수(合成數)라고 해. 소수 2개 이상이 합쳐져서 만들어진 수란 뜻이야."

수	약수	
2	1, 2	⇨ 소수
3	1, 3	⇨ 소수
4	1, 2, 4	⇨ 합성수
5	1, 5	⇨ 소수
6	1, 2, 3, 6	⇨ 합성수

표 7.1 소수와 합성수

"아……."

뭔가 깨달은 듯 오빠의 설명을 곱씹던 진희가 말했다.

"그러면, 7도 소수가 되겠네."

"맞아. 잘 이해하는데."

오빠에게 칭찬을 받자 더욱 자신감이 생긴 진희가 말했다.

"흠……. 8은 2와 4, 그리고 9는 3으로, 10은 2와 5로 나누어지니까 소수가 될 수 없고, 그러면 11은 소수가 되겠네."

"이야, 진희 제법인데. 이제 소수에 대해 웬만큼 아는 것 같아. 그 이후로 13, 17, 19 등 굉장히 많아."

$$2, 3, 5, 7, 11, 13, 17, 19, \cdots$$

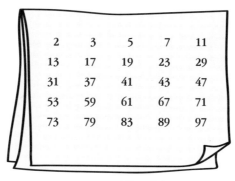

그림 7.2　100 이하 25개의 소수

"어떻게 그렇게 빨리 알아? 외웠구나?"

"1에서 100까지는 총 25개의 소수가 있어.(그림 7.2) 그 정도는 암기하고 있어야 해. 내가 선생님한테 들었는데 수학도 암기해야 할 내용이 많대. 특히 100 이하의 소수는 외워두면 편할 뿐만 아니라 유용하다니까 너도 꼭 외워둬."

"알았어, 외워볼게."

오빠 진호의 말이면 토를 달고 대들던 진희가 평소와는 다르게 진지하게 말했다.

"그런데, 오빠. 작은 수에 대해서는 쉽게 소수인지 아닌지를 알아낼 수 있겠는데 큰 수는 계산이 만만치 않을 것 같아. 가령 1037은 소수야?"

"1037? 글쎄……. 바로 알아내기는 쉽지 않고 계산해야겠지?"

"그러면 1037보다 작은 모든 수에 대해 일일이 나눠서 확인해야 해?"

"그 방법으로 해야 한다면 너는 어떤 생각이 들어?"

"끔찍해!"

그림 7.3 알갱이들을 크기별로 선별하는 데 쓰이는 용구

"나도 동의해. 누구나 질려서, 수학을 싫어하는 이유가 될 수 있겠지. 하지만 오빠는 수학을 좋아해."

"그럼, 다른 방법이 있다는 거야?"

"그렇지. '에라토스테네스의 체'라는 방법이 있어."

"에라토스테네스의 체?"

"응. 체가 뭐야? 미세한 알갱이 등을 걸러내는 도구잖아.(그림 7.3) 그의미처럼 에라토스테네스의 체는 소수를 걸러내는 데 사용하는 수학적 도구야.

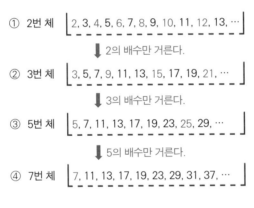

① 2번 체 | 2, 3, 4, 5, 6, 7, 8, 9, 10, 11, 12, 13, …

⬇ 2의 배수만 거른다.

② 3번 체 | 3, 5, 7, 9, 11, 13, 15, 17, 19, 21, …

⬇ 3의 배수만 거른다.

③ 5번 체 | 5, 7, 11, 13, 17, 19, 23, 25, 29, …

⬇ 5의 배수만 거른다.

④ 7번 체 | 7, 11, 13, 17, 19, 23, 29, 31, 37, …

그림 7.4 소수들을 걸러내는 에라토스테네스의 체

〈그림 7.4〉처럼 ①번의 체는 2의 배수만을 걸러내는 체야. 걸러지지 않고 떨어지는 수들은 2의 배수가 아닌 수, 그러니까 2로 나눠지지 않는 수들이야.

②번의 체는 이 수들에서 가장 작은 수인 3의 배수만을 걸러내는 체야. 이를 통과하는 수들은 3으로 나눠지지 않겠지. 물론 ①번의 체에서도 걸러지지 않은 수이니까 2로도 나눠지지 않는 수임은 당연해.

③번의 체는 5의 배수만, ④번은 7의 배수만을 걸러내는 체가 될 거야. 이렇게 이런 과정을 거치면서 체에서 걸러내어진 수가 소수야."(더 자세한 내용은 [부록 2] 에라토스테네스의 체에서 확인할 수 있다.)

"오빠는 그런 걸 어떻게 알았어?"

"학교에서 배웠지. 선생님 설명을 들을 때 감동받아서 기억하고 있어."

"수학 공부 하면서 감동을 받아?"

"음…… 너무 멋진 생각이잖아."

08
배수 판정법

"오빠!"

"왜?"

진희의 외침에 진호는 화들짝 놀랐다.

"방법이 아무리 좋다고 하지만 에라토스테네스의 체로 1037이 소수인지 확인하는 것은 좀 너무하지 않아?"

"그래, 사실 에라토스테네스의 방법은 큰 수를 확인할 때는 효율적이지 않아."

진희의 투정이 당연하다는 듯 동의하며 진호는 다른 수를 제안했다.

"그럼, 223이라는 수가 소수인지 아닌지 확인해볼래?"

그 정도는 해볼 만하다고 판단했는지 진희는 1부터 223까지 모든 수들을 한 줄에 10개씩 적고, 먼저 2의 배수의 수들을 지워나갔다.

"오빠, 짝수들은 모두 지워지니까 2를 제외한 모든 짝수는 소수가 되지 않아."

짝수는 모두 2의 배수이므로 2를 제외한 모든 짝수는 소수가 아니다.

3의 배수에 이어 5의 배수를 지워나가던 진희가 문득 깨닫는 것이 있었다.

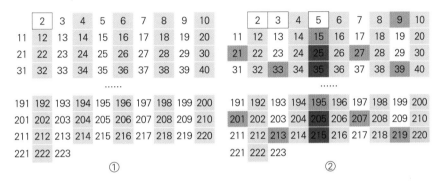

그림 8.1 ① 2의 배수를 지웠을 때, ② 이어서 3과 5의 배수를 차례대로 지웠을 때

"아, 끝의 자릿수가 5나 0인 수들은 모두 5의 배수이네."

"그래, 5로 나누어지는 수는 5의 배수이므로 끝의 자리, 즉 1의 자리의 수가 항상 5나 0이야. 그러기에 일의 자릿수만으로 223이 5로 나눠지지 않는 수임을 대번에 알 수 있어."(그림 8.1)

5의 배수는 1의 자릿수가 0 혹은 5인 수

"그럼 3의 배수나 7의 배수도 바로 알아내는 방법이 있어?"

"응, 7의 배수 판정법도 있다고 들었는데,((부록 3) 7의 배수 판정법 참조) 3의 배수 정도까지만 알아도 충분할 거야. 3의 배수는 각 자리의 수를 더

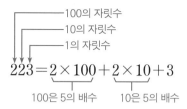

그림 8.2 10, 100은 5의 배수이므로 1의 자릿수만으로 5의 배수 여부를 판단할 수 있다.

해서 얻어지는 수가 3으로 나눠지면 3의 배수임을 알 수 있어. 223의 각 자리의 수인 2, 2, 3을 더한 값 7은 3의 배수가 아니잖아. 그러니까 223은 3의 배수가 아니야."(그림 8.2)

"정말로?"

진희는 오빠의 말에 의구심을 품었다. 확실히 223은 3으로 나눠지지 않는다. 그렇다고 모든 수에 이 원칙이 적용되리라는 법이 있을까? 진희는 의심이 들어 직접 몇 개의 수에 대해 확인을 해보았다. 과연 그의 말이 맞았다.

"그러면, 오빠. 12345는 1, 2, 3, 4, 5 다섯 개 수들의 합이 15이고, 15는 3으로 나눠지니까, 12345뿐만 아니라 1, 2, 3, 4, 5로 구성된 다음과 같은 수도 3으로 나눠떨어지겠네?"

$$12345, 24351, 34251, 41325, \cdots \text{ (3의 배수)}$$

"오, 제법이네. 하나를 가르쳐주니 둘을 아네? 맞아, 모두 3의 배수야."

"신기하다."

"마찬가지로 1, 3, 5, 7, 9로 이뤄진 수들은 모두 3의 배수가 아니지."

$$12345 \rightarrow 1+2+3+4+5=15$$
(3의 배수)

$$13579 \rightarrow 1+3+5+7+9=25$$
(3의 배수가 아님)

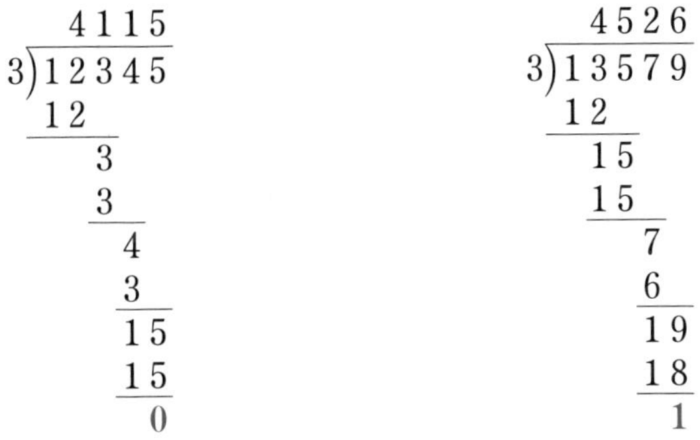

$$
\begin{array}{r}
4\,1\,1\,5 \\
3\,)\overline{1\,2\,3\,4\,5} \\
1\,2 \\
\hline
3 \\
3 \\
\hline
4 \\
3 \\
\hline
1\,5 \\
1\,5 \\
\hline
0
\end{array}
\qquad
\begin{array}{r}
4\,5\,2\,6 \\
3\,)\overline{1\,3\,5\,7\,9} \\
1\,2 \\
\hline
1\,5 \\
1\,5 \\
\hline
7 \\
6 \\
\hline
1\,9 \\
1\,8 \\
\hline
1
\end{array}
$$

그림 8.3 12345는 3으로 나눠지고, 13579는 3으로 나눠지지 않는다.

$$13579, 35971, 73951, 91537, \cdots \text{ (3의 배수가 아니다)}$$

"5의 배수인지 아닌지 확인하는 방법은 바로 이해가 되는데, 3의 배수는 왜 각 자릿수를 더한 값을 3으로 나눠서 판단하는 거야?"

"그건 모든 10의 거듭제곱($10, 10^2, 10^3, \cdots$)은 3으로 나눈 나머지가 1이기 때문에 그래. (아래의 〈표 8.4〉에서 9, 99, 999는 모두 3으로 나눠진다. 따라

$$10 = 9 + 1$$
$$100 = 99 + 1$$
$$1000 = 999 + 1$$
$$10000 = 9999 + 1$$
$$\vdots$$

표 8.4 10의 거듭제곱은 3으로 나눈 나머지가 항상 1이다.

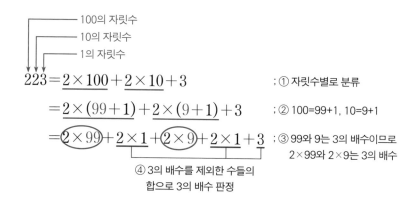

$$223 = \underline{2 \times 100} + \underline{2 \times 10} + 3 \quad ; \text{① 자릿수별로 분류}$$

$$= \underline{2 \times (99+1)} + \underline{2 \times (9+1)} + 3 \quad ; \text{② } 100=99+1, 10=9+1$$

$$= \boxed{2 \times 99} + \underline{2 \times 1} + \boxed{2 \times 9} + \underline{2 \times 1} + 3 \quad ; \text{③ 99와 9는 3의 배수이므로}$$
$$2 \times 99\text{와 } 2 \times 9\text{는 3의 배수}$$

④ 3의 배수를 제외한 수들의
합으로 3의 배수 판정

그림 8.5 10의 거듭제곱은 3으로 나눈 나머지가 항상 1인 점을 이용해서 자릿수별로 분류

서 10, 100, 1000을 3으로 나눈 나머지는 1이다.)

223의 수를 자릿수에 따라 10의 거듭제곱으로 전개해보자고.(그림 8.5
의 ①) 우선 100은 99+1, 10은 9+1로(그림 8.5의 ②) 전개하면(그림 8.5의
③) 99와 9는 3의 배수이다 보니 2×99와 2×9는 3의 배수가 될 게 아니
겠어. 남은 것은 각 자릿수의 수뿐이야. 그래서 이들의 합이 3의 배수 여
부를 판단하는 근거가 되는 거야.(그림 8.5의 ④)"

각 자릿수의 합이 3의 배수인 수는 3의 배수

"좀 어려워."

"한번 아무 수나 〈그림 8.5〉와 같이 정리해봐. 자꾸 해보면 알 수 있을
거야."

"알았어, 오빠. 해볼게. 너무 복잡해서 헷갈리긴 하지만."

진희는 말없이 몇 개의 수를 오빠가 가르쳐준 방식으로 연습해보았다. 그러자 과연 어렵게 보이던 과정이 아주 단순한 과정일 뿐임을 조금씩 깨닫게 되었다. 그렇게 몇 번의 시도 끝에 3의 배수 판정법의 의미를 깨쳐갔다.

09

소수의 판정

"어디까지 지워나갔어?"

"7의 배수까지."

반복된 작업에 지쳤는지 진희의 말에는 힘이 없어 보였다.

"그래도 상당히 많은 수들이 지워졌지?"

"그렇긴 해."

"좋잖아? 일이 줄어드니까. 그런데 하면서 느끼는 점이 없어?"

"응, 소수만 살아남게 되니까 소수의 배수만 확인하게 돼. 처음에는 2의 배수, 다음은 3, 그리고 5, 7 등의 순서이고 이제는 11을 할 차례야."

"맞아. 달리 생각하면, 만약 에라토스테네스의 체를 사용하지 않고 223 이 소수인지 아닌지 확인할 경우에는 모든 수로 나눠보며 확인할 필요가 없어. 223보다 작은 소수로만 나눠 확인해도 판정할 수 있다는 말이야."

소수의 판정 여부는 주어진 수보다 작은 소수들만으로 확인한다.

"그럼, 223보다 작은 소수를 모두 알아야 하겠네. 오빠가 알려준 것은 100보다 작은 소수이니까 100 이상의 소수들도 찾아야겠네?"

"그렇게 되나? 어쨌든 하던 일이나 계속 진행해봐."

사실 진호는 에라토스테네스의 방법을 배운 다음, 진희가 지금 진행하는 과정을 스스로 해보면서 체득한 사실이 한 가지 있었다. 어렵게 알아낸 만큼 그 과정에서 느낀 뿌듯함과 자부심이 상당했고, 그러한 경험은 수학에 흥미를 갖게 하는 계기가 되었다. 그는 동생 역시 그러한 체험을 해볼 수 있도록 유도하고 있었다.

"알았어."

보통 때라면 오빠의 요구를 들은 체 만 체 했을 진희가 요즘은 어쩐 일인지 오빠의 말을 잘 들었다. 진지하게 설명을 해주는 모습에 거부할 수 없는 위엄(?)이라도 느낀 것일까?

"오빠, 이유는 모르겠지만 223이 소수인지 아닌지는 13까지의 소수까지 지우니까 알겠는데?"

"왜?"

"13까지의 배수들을 지우고 보니 17이나 19의 배수들이 이미 모두 지워져서 더 할 것이 없어!"

에라토스테네스의 방법을 따라 계속 진행해나가던 진희가 말했다. 진희는 신기한 현상에 의아해하면서 일이 예상외로 금방 끝난 것에 기뻐했다.

"그러네? 너, 혹시 잘못 지운 것은 아니지?"

"아니야. 정확해. 혹시나 다시 반복할까봐 겁나서, 찬찬히 지워나갔단 말이야."

진희는 자신이 찾아낸 것이 확실하다는 느낌을 가지고 있었다. 이유야 알 수 없지만.

"네 말이 맞아. 대단한데, 진희야."

진희는 오빠에게 칭찬을 듣고 기분이 한껏 들뜨기 시작했다.

"그런데 왜 13까지만 확인해도 되는 것일까?"

"글쎄…… 왜 그럴까?"

바로 이 의문이 진호가 전에 품었던 것이었다. 신기한 마음에 여러 가지 수에 대해 같은 작업을 계속 반복했었다. 하다 보니 요령도 생겼고 무엇보다 수의 흐름이 자신의 뇌에 자리잡혀가고 있었다. 물론 자신은 감지하지 못했지만.

"사실 네가 했던 과정을 예전에 해봤어. 진짜로 신기하더라고. 예를 들어 307을 택해서 에라토스테네스의 방법으로 해보면 17까지 하면 소수인지 아닌지가 확인이 되고, 373은 19, 541은 23에서 소수인지가 판정이 가능하더라고."

"오빠, 그때 미쳤구나……."

진희는 황당하다는 표정을 지었다.

"너도 해봐. 그러면 어떤 사실을 알게 될 거야."

"싫어! 지금도 쓸데없는 일을 한다는 생각이 자꾸 드는데, 이런 말도 되지 않는 일을 계속 반복하라고?"

"결코 그렇지 않아. 분명 하다 보면, 설명하기 힘들지만 머릿속에서 어떤 수의 감각이 생겨나는 걸 느끼게 될 거야."

진호의 설득에도 불구하고 진희는 전혀 꿈쩍할 기미가 보이지 않았다.

"알았어, 네가 정 그렇다면 설명해줄게. 223의 소수 판정에서 13까지의 소수만으로 확인할 수 있는 이유는 17의 제곱이 289이기 때문이야. 289

	2	3	4	5	6	7	8	9	10
11	12	13	14	15	16	17	18	19	20
21	22	23	24	25	26	27	28	29	30
31	32	33	34	35	36	37	38	39	40
41	42	43	44	45	46	47	48	49	50
51	52	53	54	55	56	57	58	59	60
61	62	63	64	65	66	67	68	69	70
71	72	73	74	75	76	77	78	79	80
81	82	83	84	85	86	87	88	89	90
91	92	93	94	95	96	97	98	99	100
101	102	103	104	105	106	107	108	109	110
111	112	113	114	115	116	117	118	119	120
121	122	123	124	125	126	127	128	129	130
131	132	133	134	135	136	137	138	139	140
141	142	143	144	145	146	147	148	149	150
151	152	153	154	155	156	157	158	159	160
161	162	163	164	165	166	167	168	169	170
171	172	173	174	175	176	177	178	179	180
181	182	183	184	185	186	187	188	189	190
191	192	193	194	195	196	197	198	199	200
201	202	203	204	205	206	207	208	209	210
211	212	213	214	215	216	217	218	219	220
221	222	223							

그림 9.1 ▨으로 칠해진 수들은 2, 3, 5, 7, 11, 13의 배수들의 하나 이상에 해당하는 수들이다. 223 이하에서 17의 배수(34, 51, 68, …)는 이미 다른 수의 배수로 지워진 상태이다.

보다 작은 수들은 13까지의 소수들 중 어느 하나의 소수로 나눠질 수밖에 없어. 그렇기에 〈그림 9.1〉처럼 13까지의 배수를 지우고 남아 있는 수들은 모두 소수가 되는 것이야."

진희로서는 당장 이해가 힘들었다. 당연한 일이다. 진호의 얘기처럼 많은 사례를 직접 경험해봐야 뇌에서 조금씩 인지할 수 있기 때문이다. (더 자세한 내용은 〔부록 2〕 에라토스테네스의 체에서 확인할 수 있지만 독자 여러분도 몇 개의 사례를 직접 해보기를 권한다. 번잡하고 힘든 일이겠지만 그 과정에서 수의 감각이 키워져 수학의 맛을 알아가기 시작할 것이다.)

주어진 수가 소수인지의 판정 여부는
(소수)²≦(주어진 수)를 만족하는
소수들로 주어진 수를 나누는 것으로 충분하다.

오빠가 설명한 내용을 곱씹던 진희가 예상치 않던 질문을 던졌다.

"한 가지 의문점이 생겨서 그런데, 그러면 소수의 개수가 몇 개나 되는데?"

"……?"

"음, 1000개는 넘지 않을까? 에이, 사실 몰라, 개수는."

전혀 생각해보지 않았던 질문이었다. '진짜, 소수의 개수는 몇 개일까?' 소수가 수에서 차지하는 비중이 크다는 점은 알고 있었지만, 그 개수에 대해 고민해본 적은 없었다. '혹시 민준이는 알고 있을까?' 진호가 말했다.

"야, 나도 배우고 있는 학생이야. 하나씩 배워가는 입장이니까, 나중에 알게 되면 그때 가르쳐줄게."

"알아~ 그렇게 무안해하지 않아도 돼."

'맞아, 내가 왜 이렇게 당황하지? 당연히 모를 수 있는 거 아닌가?'

10

암호의 조합

수학 분야에서의 발상은 갑자기 떠오르는 경우가 많다. 왜 그런 발상이 나오게 됐는지, 그 이유를 정확히 설명하기란 쉽지 않다. 군이 꼽자면 어떤 문제에 대해 오랜 시간 사색을 하다 보니 본질에 대한 통찰이 일어나면서 자연스레 생기는 현상이라고 할 수 있다. 진호도 암호문 해석에 진력을 다해서 그런지 동생이 알려준 사실로 해독에 대한 실마리를 찾게 되었다.

'같은 문자가 반복적으로 나온 것은 결코 우연이 아닐 거야.'

이렇게 생각한 진호는 진희와 함께 다음의 작업을 같이했다. 먼저 암호문의 문자를 띄어쓰기 없이 10개씩 붙이고 한 줄에 50개씩 〈표 10.1〉과 같이 배열시켰다. 문자가 몇 번째에 위치하는지를 쉽게 계산해내기 위해서였다. 그리고 세 개 이상 반복되는 문자열인 HRV에 대해서만 초점을 맞춰서 이 단어가 몇 번째에 위치하는지를 세어보았다.

"오빠, 뭘 하려는 거야?"

NSRRJOUSFF HOUCEIGOCJ OJHYJVSVZN ZBQFIBEODZ CXRIDISKJI

BVGPICWAOZ RBOJSODDSI SYLWNVGMVB NRBDJOBVSH GSMKSNKCNZ

GMFJOIHRVA KWHOISWRBM ZDKKWYETBF ADYSOMWVZB YIROIHYRQM
　　　107번째
FAZCWCYHRV DEIDYJSIFI WLGDGWMBCE KHRVAORBSE UYWHRVBEDP
　　　　158번째　　　　　　　　182번째　　　　194번째
OIGLVZYN.

표 10.1　HRV가 몇 번째에 위치하는지를 쉽게 알아낼 수 있도록 암호문을 10개씩 적었다.

진호가 무엇을 하려는 것인지 진희는 도무지 감을 잡지 못했다.

"음, 이번 암호문은 지난번 암호와 같은 방식이지만 몇 개를 섞어서 사용한 것 같아. 그래서 확인해보는 거야."

"무슨 말이야?"

진호는 진희의 물음에 대꾸하지 않고 묵묵히 자신의 생각의 길을 밟아가기 시작했다.

'HRV는 107번째, 158번째, 182번째, 194번째에 나오고 있어.'

그리고 진호는 위의 4개의 수의 차이를 계산했다.(그림 10.2)

"진희야, 12, 24, 36, 51, 75, 87의 약수를 구해봐."

"이걸 모두?"

"그래, 서로 나눠서 모두 구해보자."

　　12의 약수는 1, 2, 3, 4, 6, 12

　　24의 약수는 1, 2, 3, 4, 6, 8, 12, 24

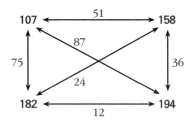

그림 10.2   HRV가 나타난 107번째, 158번째, 182번째, 194번째의 수들의 차이

194−107=87, 182−107=75
194−158=36, 182−158=24
194−182=12, 158−107=51

36의 약수는 1, 2, 3, 4, 6, 9, 12, 18, 36

51의 약수는 1, 3, 17, 51

75의 약수는 1, 3, 5, 15, 25, 75

87의 약수는 1, 3, 29, 87

위의 수들의 약수에 공통적으로 들어간 수, 즉 최대공약수는 3이었다. 이를 확인한 진호는 앞서의 암호를 앞에서부터 3개씩 짝을 짓고서, 암호문에 쓰인 문자들을 크게 3그룹으로 분류하기 시작했다. 먼저 첫 번째, 네 번째, 일곱 번째, … 등에 쓰인 문자를 다음 〈그림 10.3〉의 제1그룹에 편성하였다. 그리고 두 번째, 다섯 번째, 여덟 번째, … 등에 쓰인 문자는 제2그룹, 세 번째, 여섯 번째, 아홉 번째, …에 위치한 문자들은 제3그룹에 각각 편성했다.

"진희야, 내 생각으로는 시저 암호를 3개 사용한 것 같아."

진희는 그제야 오빠의 의도를 짐작했다. 어쨌든 그의 생각대로 좋은 결

제1그룹: NRUFUICJJVZFEZRIJVIA…
제2그룹: SJSHCGJHVZBIOCISIGCO…
제3그룹: ROFOEOOYSNQBDXDKB…

그림 10.3 문자의 순서에 따라 3개의 그룹으로 분류

과가 나올지는 확인해봐야 할 일이었다.

각 그룹에 대해 이제 빈도분석을 통해 앞서의 암호방식으로 해석을 진행하기로 한 진호는 진희와 함께 그룹별로 빈도수를 조사했다.(그림 10.4)

영문에서 e가 가장 많이 나오므로 각 그룹별로 어떤 문자가 e에 해당하는지만 결정하면 될 것이다. 2그룹과 3그룹은 확연히 보이지만 1그룹은 다소 헷갈린다. 8개나 9개가 나온 문자가 4개 있어 어떤 것이 e에 해당하는지는 정확하지 않다. 어쩔 수 없이 이 4개에 대해서는 일일이 해보는 수밖에 없다고 판단한 진호는 각 경우에 대해 암호문을 평문으로 바꾸는 작업을 했고, 결국 자신의 생각이 정확했다는 것을 확인할 수 있었다.

제1그룹은 17번 이동한 것으로 문자 e가 V에 해당했고, 제2그룹은 14번 이동, 제3그룹은 10번 이동한 알파벳 S와 O가 문자 e에 해당했다.

이렇게 해서 만들어진 각 그룹별 암호화 열쇠(그림 10.5)로 암호문을 해독해보았다. 무엇인가 될 듯 말 듯 2% 부족함에서 생긴 갈증을 일거에 해소하자 진호와 진희는 표현하기 힘든 희열을 동시에 느꼈다.

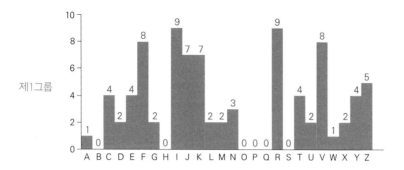

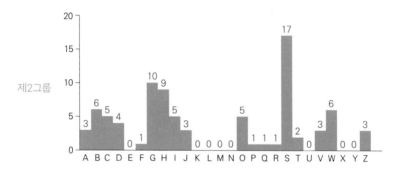

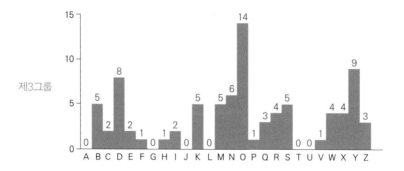

그림 10.4 그룹별로 조사한 영문빈도

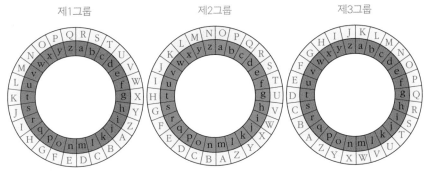

그림 10.5   그룹별 암호화 열쇠

NS   RRJO   USFFHOU   CEIGOCJOJ   HY   JVSVZNZBQ   FIB   EODZCXRI
We   have   devoted   ourselves   to   shielding   our   national

DISKJIBVG   PICW   AOZRBOJS   ODDSIS.   YLW   NVGMVBNRBDJ   OBV
treasures   from   Japanese   empire. Our   descendants   are

SHGSMKSN   KC   NZGMFJOI   HRVA   KWHOI   SWRBMZDKKWYE   TBFA
expected   to   discover   them   after   emancipation   from

DYS   OMWV.   ZB   YIROI   HY   RQMFAZCWCY   HRV   DEIDYJS   IFI
the   evil.   In   order   to   accomplish   the   purpose   you

WLGD   GWMB   CEK   HRV   AORBSEU   YW   HRV   BEDPOIG   LVZYN.
must   pick   out   the   meaning   of   the   numbers   below.

표 10.6 〈그림 10.5〉의 암호열쇠로 편지의 암호문 해석

둘은 사전을 뒤적이며 더듬더듬 풀린 암호문을 우리말로 해석했다.

  "우리들은 일본제국주의로부터 우리의 국보를 지켜내기 위하여 헌신하고, 우리의 후손들이 해방 이후에 국보들을 되찾을 수 있기를 기대한다. 후손들은 아래에 쓰인 수들의 의미를 파악하면 목적을 이루게 될지어다."

2.1 ☆

4자리의 정수 94□5가 있다. 3과 9의 배수가 되기 위해서 □ 속에 들어갈 숫자들을 각각 구하라.

2.2 ☆

메르센 수(Mersenne number)는 2의 거듭제곱에서 1을 뺀 수로, 지수 n에 대한 메르센 수 M_n은 $M_n = 2^n - 1$으로 표현한다.

(1) $M_1, M_2 \cdots, M_{13}$을 계산하여 아래의 표를 완성하라.

n	1	2	3	4	5	6	7	8	9	10	11	12	13
M_n	1	3	7	15									

(2) $M_1, M_2 \cdots, M_{13}$에서 소수를 찾아내라. 또 M_n이 소수일 때 n의 소수 여부를 조사하고, 역으로 n이 소수일 때 M_n의 소수 여부를 조사하라.

2.3 ☆☆

본문에서 3의 배수 판정법에 대해 이야기했다. 기본적인 발상은 바로 우리가 사용하는 10진법의 체계에 바탕을 둔 것이다. 10의 거듭제곱을 10은 9+1, 10^2은 99+1 등과 바꿔서 표현함으로써 3의 배수 판정법이 각 자릿수의 합임을 알 수 있었다.

(1) 11의 배수 판정도 같은 맥락에서 생각해낼 수 있다.

$$10 = 11 - 1$$
$$10^2 = (11-1)^2$$
$$\vdots$$

위와 같이 10의 거듭제곱의 표현을 바꿔가면서 11의 배수 판정법을 알아낼 수 있다. 얻어진 배수 판정법으로 13091705와 38509237이 11의 배수가 되는지의 여부를 판단하라.

(2) 회문(回文) 혹은 팰린드롬(palindrome)은 앞에서 읽으나 거꾸로 읽으나 같은 문장이나 낱말을 뜻한다. 보통 낱말 사이에 있는 띄어쓰기나 문장 부호는 무시하는데, '가져 가', '기러기', '다들 잠들다'와 같은 예가 있다. 영어에서도 'rotator', 'race car', 'Was it a cat I saw?' 등이 팰린드롬에 해당한다. 수에서는 팰린드롬이 무수히 많이 존재한다. 가령 252, 159951과 같이 한없이 만들어낼 수 있다. 이때 여덟 자리의 팰린드롬 수는 항상 11의 배수가 됨을 보여라.

3장

암호문 숫자의 비밀

나머지와 합동식

개개인이 지구상에 살고 있는 수십억의 인구를 모두 알기는 불가능하다. 그래서 흑인, 백인, 황인종으로 분류하여 개인별 성향을 추측하거나, 조금 좁게는 나라별로, 더 좁게는 경기도, 전라도, 충청도 등의 출신 지역에 따라 사람을 판별하곤 한다. 하지만 개인 성향을 이러한 단순한 잣대로 규정짓는 것은 매우 위험한 일이다.

그러나 수학 분야에서는 문제의 특징에 따라 수들을 분류하여 단순화하는 것이 탁월한 전략으로 활용된다. 무한한 수들을 다루는 수학에서는 기본적인 방법이나 수학 지식을 알고 있어도 문제가 너무 복잡하면 해결 방법을 찾기란 생각만큼 쉽지 않아서 단순화하는 것이 문제 해결에 매우 중요하게 다뤄진다. 다음 그림은 모든 수들을 3으로 나눈 나머지라는 기준에 따라 세 그룹으로 나눈 예다.

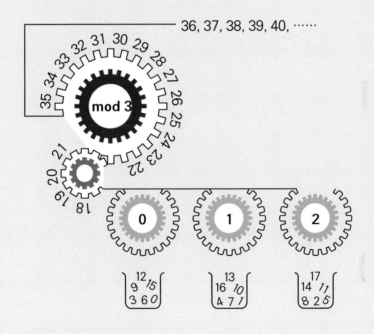

11

귀류법

새로운 학교에서의 첫날, 진호는 심호흡을 크게 하고 교실에 들어섰다. 숨을 크게 들이키고 내쉬며 동시에 '나는 잘할 수 있다' 하고 자신감도 불어넣었다. 마음이 편안해졌다. 물론 낯설고 두려운 마음도 있었지만 모두가 새 학년, 새 학기를 시작하는 날이 아닌가. 개학 첫날이라 학교는 일찍 파했다. 민준은 올해부터 용돈을 통장으로 받아 사용하기로 했다면서 은행에 간다고 했다. 진호는 민준과 함께 학교 문을 나섰다.

"참, 암호문은 해결했니?"

"음, 문자들은 해독했는데 마지막에 적힌 숫자는 아직 해독 못 했어. 도무지 알 길이 없네."

이어서 진호는 영문 암호문을 어떻게 풀었는지를 설명했다.

"하지만 숫자는 지금까지와는 완전히 별개의 암호인 것 같아. 보물이 숨겨진 장소라는 사실만 확인했을 뿐이야."

"그래도 거기까지 해결했다는 게 정말 대단하다. 이제 그 숫자의 비밀만 풀어내면 보물을 찾아낼 수 있겠다."

암호 얘기를 하다 보니 둘은 어느덧 은행에 도착했다. 민준이 통장을 개설하는 과정을 옆에서 지켜보던 민준은 통장을 만들고 싶다는 생각이 자연스레 들었다.

"통장에 사용할 비밀번호를 입력해주세요."

은행원의 말에 민준이 비밀번호를 입력했다. 진호가 옆에서 은행원에게 말을 걸었다.

"그런데 은행에서 일하는 분들은 고객의 비밀번호를 모두 알고 있나요?"

가끔 TV 등 매체에서 고객의 신상정보가 유출되었다는 뉴스를 접할 때 진호는 비밀번호의 안전성에 의구심이 들었다.

"아니요, 그건 저희도 몰라요."

"그래도 은행에는 비밀번호가 저장되어 있을 거 아니에요?"

"학생이 꽤나 궁금한가 보네요? 내가 조금 알고 있는 내용으로만 간단히 설명하자면, 공개키라는 방식으로 암호화된 공인인증서를 사용하기 때문에 비밀번호는 매우 안전해요."

"공개키 방식 암호요?"

암호라는 말에 귀가 번쩍 뜨인 진호는 적극적으로 질문을 했다.

"어떤 암호인데요? 그리고 어떻게 해독하는데요?"

계속된 질문에 당황한 표정을 짓던 은행원은 어깨를 움찔하면서 말을 꺼냈다.

"그 이상은 저도 잘 모르겠어요."

은행을 나오자 민준이 먼저 말했다.

"너, 편지 마지막에 쓰인 수가 은행 비밀번호와 관련 있지 않을까 해서 물어본 거지?"

"응."

진호가 고개를 끄덕이며 말했다.

"물론 은행의 비밀번호 암호체계와 편지에 쓰인 암호가 같은 방식인지 알 수 없지만, 일단 지푸라기라도 잡고 싶은 심정이라서……. 아참, 혹시 너 소수의 개수가 몇 개인지 알고 있니?"

진호는 암호 이야기를 하다 동생 진희가 물어본 질문이 순간 떠올랐다.

"소수의 개수? 무한해."

"무한? 그러니까 셀 수 없이 많다는 거야?"

"그래."

소수의 개수는 무한하다.

"어떻게 무한하다는 것을 알 수 있지?"

"학원에서 언젠가 배웠어. 선생님이 비유를 들어 설명해주셔서 아직까지 기억하고 있지."

"나한테도 설명해주라."

"귀류법으로 증명하는 것인데……."

민준은 선생님의 이야기를 떠올렸다. 선생님은 귀류법을 이렇게 설명했다.

"귀류법이라는 것은 직접 증명이 어려울 때 사용하는 수학적 기교 중 하나야. 주어진 명제가 참임을 증명하고자 할 때 그 결론을 부정함으로써 가정에 모순이 됨을 보여주는 간접적인 방법으로 원래의 명제가 참임을 증명하는 방법이야. 이렇게 말하니까 무슨 말인지 모르겠지? 예를 들어 설명할게.

지금은 지구가 둥글다는 사실을 누구나 알고 있지만 오래전 사람들은 평평하다고 생각했어. 이제 지구의 모양이 둥글다는 것을 증명하라는 문제가 주어졌다고 하자. 물론 위성사진이나 달에 비친 지구의 그림자 등으로 확인하는 방법 등이 있긴 하지만 이런 방법 말고 지구가 둥글다는 것을 사고의 논리로 증명해보자는 얘기야.

지구가 평평하거나 둥글다는 사실밖에 없을 때, 나는 여러분들에게 지구는 둥글지 않다고 가정할게. 그러면 지구는 무슨 모양일까? 평평한 모양일 수밖에 없겠지. 지구가 평평하다면 반드시 성립하거나 존재하는 사실은 무엇이 있을까?

평평하다면 세계의 끝에 가면 절벽으로 떨어져야 하지 않겠어?! 그래서 사람들은 지구가 평평하다는 것을 입증하기 위해 절벽을 찾아다녔어. 그런데 웬걸, 아무리 찾아도 보이지 않아. 결론은 절벽이 존재하지 않는다는 사실이었어. 바로 여기서 모순이 발생해. 지구가 평평하다고 가정했는데 반드시 있어야 할 절벽이 없다는 것은 무슨 의미일까? 지구가 평평하다는 사실에 위배된 것이 아니겠어?

그러면 지구는 어떤 모양이 되겠어? 둥글거나 평평하다는 두 사실만 존재하므로 당연히 둥글 수밖에 없겠지. 이게 바로 귀류법의 원리야. 수학이 다른 학문이나 인생과 크게 구별되는 점 중 하나가 참과 거짓이 명백하다는 거야. 이분법적인 결과가 명확하다는 거지. 지금 이 경우도 지구는 둥글든지 아니면 평평하든지 두 가지 사실만 있을 뿐 다른 것은 존재할 수가 없어. 이렇게 이분법적인 사실에 근거하여 귀류법이란 증명법이 만들어질 수 있었던 거야."

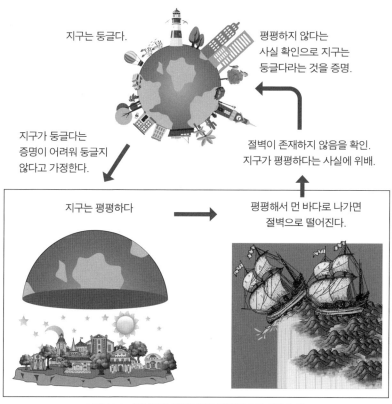

지구는 둥글다.

평평하지 않다는 사실 확인으로 지구는 둥글다는 것을 증명.

지구가 둥글다는 증명이 어려워 둥글지 않다고 가정한다.

절벽이 존재하지 않음을 확인. 지구가 평평하다는 사실에 위배.

지구는 평평하다

평평해서 먼 바다로 나가면 절벽으로 떨어진다.

그림 11.1 귀류법의 알고리즘을 비유적으로 설명한 예

12
소수의 개수

민준의 말을 끝까지 경청하던 진호가 이 이야기를 토대로 소수의 개수가 무한함을 증명해보겠다고 했다.

"소수의 개수가 무한하다고 했지? 선생님께서 귀류법을 말씀하신 걸 보면 소수가 무한함을 직접적으로 증명하지는 못하나봐. 지구가 둥글지 않으면 평평하다고 가정했듯, 무한과 배치되는 것은 유한이므로 일단 소수의 개수가 유한하다고 가정하는 것이 좋겠어."

"그래!"

이제 유한하다는 가정에서 반드시 성립하거나 존재하는 사실을 끄집어내야 한다. 그런데 떠오르는 게 없었다. 유한이라는 가정에서 반드시 성립해야 하는 것은 무엇일까?

진호는 도저히 알 수 없자 민준에게 힌트를 달라고 했다.

민준이 말했다.

"가령 소수가 2, 3, 5로 세 개만 있다고 해보자고. 그런데 이 세 수 외로

사실	지구는 둥글다 ↔ 소수의 개수는 무한하다
가정	지구는 평평하다 ↔ 소수의 개수는 유한하다
가정 하의 진리	평평하므로 절벽이 존재한다. ↔ ?

표 12.1 소수의 무한성을 귀류법으로 증명하기 위한 가정

또 하나의 소수가 존재함을 보이면 유한하다는 가정이 잘못됨을 보이는 게 되지 않겠어?"

"?"

진호는 민준의 이야기가 도무지 이해되지 않았다.

"7도 있잖아? 11, 13, …"

"물론 계산해보면 7도 소수란 것은 알겠지. 그런데 아직 7이 소수란 것을 찾아내지 못한 상황이라고 가정하자는 거야. 대신 2, 3, 5의 세 소수로만 새로운 소수를 찾아내야 한다는 거지."

무슨 뜻인가? 소수의 개수를 세 개로 제한하자 진호는 오히려 더 난감해졌다. 민준의 말은 오직 2, 3, 5라는 세 소수를 바탕으로 찾아내라는 것이었다. 가정 자체가 오히려 혼돈을 불러일으켰다.

"그냥 7이 2, 3, 5로 나눠지지 않으니까 7이 소수가 되는 게 아니겠어?"

"물론 틀린 말은 아니야. 지금은 워낙 수가 작아서 그런 생각의 한계에서 벗어나지 못하는 것일 뿐이지. 그런데 숫자가 굉장히 크다면 새로운 소수를 찾아내기가 쉽지 않아."

하지만 생각의 틀에 갇힌 진호는 더 이상 생각을 진전시키기가 어려웠다. 한참을 기다리던 민준이 할 수 없이 답을 이야기했다.

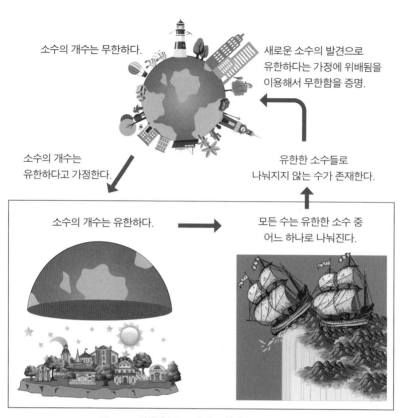

소수의 개수는 무한하다.

새로운 소수의 발견으로 유한하다는 가정에 위배됨을 이용해서 무한함을 증명.

소수의 개수는 유한하다고 가정한다.

유한한 소수들로 나눠지지 않는 수가 존재한다.

소수의 개수는 유한하다.

모든 수는 유한한 소수 중 어느 하나로 나눠진다.

그림 12.2 귀류법으로 소수의 무한성을 증명하는 과정

"2, 3, 5 세 소수를 모두 곱하고 1을 더한 수는 31이야. 그런데 이 31이라는 수는 기존의 세 개의 소수로 나눠지지 않아. 그러니까 31은 새로운 소수인 셈이지. 소수가 세 개만 있다고 했는데 또 하나의 소수가 툭 튀어나오지 않았어?"

진호가 민준의 얘기를 들으며 생각에 잠겼다.

"그러니까 이번에는 소수가 2, 3, 5, 7 네 개만 있다고 가정하면 이 네 개의 수들을 모두 곱한 값에 1을 더한 211이라는 새로운 소수가 있어서 네 개라는 가정에 모순이 발생한다는 논리라는 거네."

$$2 \times 3 \times 5 \times 7 + 1 = 211$$

하지만 진호는 민준의 이야기가 명확하게 와 닿지 않았다. 아직은 모호할 뿐이었다.(〔부록 4〕 소수의 무한성 증명)

유한한 소수의 집합에 속하지 않는 새로운 소수를 찾음으로써

소수의 개수가 무한함을 증명한다.

13

소수의 분포

진호는 뭔가 꺼림칙했다. 이런 방식으로 하면 항상 새로운 소수가 생긴다는 말인가? 2, 3, 5를 곱해서 1을 더한 31은 소수이다. 7까지 곱해 1을 더한 211 역시 소수라는 것도 쉽게 알 수 있었다. 하지만 이렇게 해서 항상 소수가 나온다는 보장은 어떻게 할 수 있을까? 진호는 자신의 의문점을 민준에게 말했다. 충분히 생각해볼 만한 질문이었다. 민준은 소수의 무한성을 배웠을 때 그 점은 생각하지 못했기에 호기심이 발동했다. 둘은 함께 확인해보기로 했다.

연속하는 유한개의 소수의 곱에 1을 더한 수는 항상 소수인가?

두 사람은 2부터 11까지의 소수, 즉 2, 3, 5, 7, 11을 곱한 값에 1을 더한 수인 2311이 소수인지 확인하기로 했다. 앞서 소수의 제곱이 2311보다 작은 가장 큰 소수를 찾아야 한다. $47^2 = 2209$이므로 47 이하의 소수로 나뉘보면 2311이 소수인지 알 수 있다.

47까지의 소수를 확인한 결과 2311이 소수인지 알 수 있었다. 이제 2부터 13까지의 소수를 곱한 값에 1을 더한 30031을 확인해야 했다.

$$2 \times 3 \times 5 \times 7 \times 11 \times 13 + 1 = 30031$$

30031은 $173^2 = 29929$이므로 173 이하의 소수에 대해서도 조사해봐야 했다. 하지만 173 이하의 소수를 모두 찾아서 방금과 같은 지루한 작업을 할 엄두가 나지 않았다. 괜히 시작했나? 민준은 후회가 물밀 듯 밀려오면서 차라리 포기하고 연속된 소수의 곱에 1을 더한 값은 항상 소수임을 인정하는 것이 낫겠다는 생각이 들었다. 그때 옆에서 지켜보던 진호의 눈에 민준의 스마트폰이 눈에 띄었다.

"혹시 네 스마트폰에 계산기 있지 않냐?"

"맞아, 있어. 아무래도 수작업으로는 힘들겠어."

민준은 씩 웃으면서 스마트폰을 꺼내 계산기를 실행했다. 작은 소수부터 순서대로 진행하다 59에 이르렀다. '음? 내가 잘못 눌렀나?' 놀랍게도 30031이 59로 나눠떨어진 것이다. 다시 확인을 해봐도 계산은 같았다.

$$30031 = 59 \times 509$$

"30031이 59로 나눠떨어지는데?!"

지켜보던 진호 역시 놀라기는 마찬가지였다.

"그러네? 혹시나 했던 우려가 현실이 되었어! 그러면 귀류법을 이용해 소수의 개수가 무한개임을 증명하는 방법이 틀린 게 아닐까, 민준아?"

진호는 자신의 우려가 현실로 다가오자 당혹해하며, 동시에 귀류법을 이용한 소수의 무한성 증명이 잘못되지 않았을까 하는 의구심이 고개를 들었다. 그런데 민준이 학원 선생님에게 배운 바에 따르면 귀류법을 이용한 증명은 틀리지 않았다. 무엇이 잘못된 것일까? 둘에게 어떤 착오가 있었던 것일까? 유한한 소수들을 모두 곱해 1을 더한 수는 항상 소수가 나오는 것은 아니라는 사실은 명백하다.

하지만 민준의 표정은 차분해 보였다. 사실 민준은 비록 번거롭기 짝이 없는 계산이었지만 이 과정에서 귀류법의 증명이 정확하다는 것을 파악하게 되었다.

"아니야, 귀류법으로 증명한 방법은 너무도 아름다워. 13까지의 소수를 곱해 1을 더해 얻어진 30031은 분명 소수가 아니야. 그런데 가정은 무엇이었어? 소수를 2, 3, 5, 7, 11, 13으로 제한했잖아. 30031을 나누게 하는 소수 59는 13까지 소수가 있다고 한 세계에서 존재할 수 없는 소수야. 13까지 소수가 있다고 하고 59라는 소수를 도입한 것은 이미 소수가 6개라는 가정에 위배된 격이 되지 않겠어? 따라서 13까지 소수가 있는 세계에서 30031은 소수라고 할 수밖에 없겠지."

"아, 그렇겠구나!"

잠시 민준의 말을 곱씹어본 진호는 충분히 이해가 갔다. 곧 색다른 의문도 생겨났다.

"2311이나 30031이 소수인지 아닌지 확인하는 것도 이렇게 어려운데 엄청 큰 수에서 손쉽게 소수 여부를 판정하는 방법이 없을까?"

"그러게."

민준이 생각에 잠겼다.

"이왕이면 소수만을 생성하는 방법은 없을까?"

"그래, 그게 더 좋겠다. 소수만을 생성하는 방법을 찾는 것이 더 나을 수 있겠어. 그런데 100 이하의 소수를 보더라도 들쑥날쑥한데 소수의 패턴이란 것이 있기는 한 걸까?"

"그래서 난 소수가 싫어질 것 같아. 완전히 천방지축인데 소수를 가둬두는 방법이란 게 있을 것 같지가 않거든."

"그렇기도 하겠다. 우리가 알고 있는 수준에서만 봐도 100 이하에서는 소수가 25개가 있잖아. 1000 이하에서는 250개가 있을 것 같지 않거든. 또 10000 이하에서는 몇 개가 있을까?"([부록5] 소수의 분포도)

10000까지, 혹은 1억까지 수 중에는 소수가 몇 개 있을까?

14

공개키 암호의 개념

진호는 새로운 환경과 학교 생활에 적응하느라 분주했다. 하지만 그를 더욱 짓누르고 있는 것은 공개키에 대한 의문이었다. 문서 마지막에 쓰인 숫자가 은행원이 얘기한 공개키 암호방식과 연관이 있을 것 같다는 느낌이 쉽게 사그라지지 않았다. 아무래도 공개키에 대한 조사가 필요해 보였다.([부록 6] RSA 암호)

방과 후 진호는 민준과 함께 자료를 뒤져보았다. 공개키 암호방식은 누구나 알 수 있는 공개키와 암호를 만든 사람만이 알고 있는 특정한 비밀키가 하나의 쌍으로 이루어져 있다.

보통은 암호를 주고받는 사람이 서로 해석이 가능한 **대칭형 알고리즘 방식**이어야 한다. 가령 진호가 자신의 메시지 'I have the key.'를 암호화키를 사용하여 '% @5$& 8@! 2$%.'의 암호문을 민준에게 보내면 민준은 같은 방식으로 이 암호문을 평문으로 고쳐 메시지를 해독한다.(그림 14.1) 반대로 민준이 보낸 암호문을 진호 역시 해독할 수 있다. 서로 같은 암호키

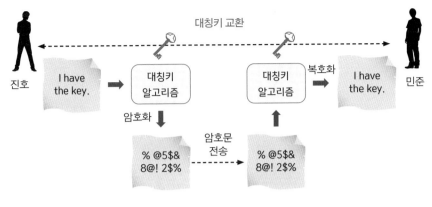

그림 14.1 대칭형 알고리즘

그림 14.1 대칭형 알고리즘

를 공유함으로써 정보의 상호 전달이 가능한 방식이다.

서로 암호를 교환할 수 있는 대칭형 알고리즘

반면 공개키 암호방식은 전혀 그러하지 않다. 민준은 공개키와 비밀키를 모두 가지고 있고, 공개키는 이름 그대로 암호화 열쇠를 모두에게 공개한다. 누구나 가질 수 있으므로 진호뿐만 아니라 진희 역시 공개키를 이용해서 자신의 메시지를 암호화할 수 있다.(그림 14.2)

평문		암호문
진호: I have the key.	➡	% @5$& 8@! 2$%.
진희: Let's go see a movie.	➡	?Z%! 0& @#% & $8*%9

각자가 작성한 암호문을 민준에게 전달했을 때 민준은 자신의 비밀키를 이용해 암호문을 복호화(암호화되기 전 상태로 되돌리는 것)하여 평문으

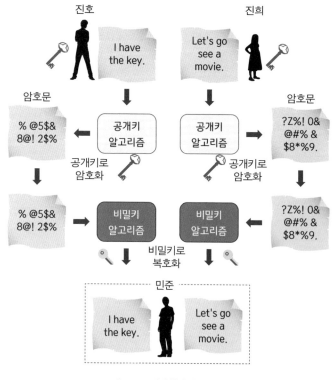

그림 14.2   비대칭키 알고리즘

로 고쳐 읽을 수 있다. 하지만 진호와 진희는 비밀키가 없으므로 서로의 암호문을 해석할 수 없다. 그래서 진호는 진희가 민준에게 무슨 말을 적었는지 알 수 없고, 진희 역시 오빠 진호가 민준에게 무슨 말을 전달했는지 알 길이 없는 것이다. 더군다나 각자가 작성한 암호문 역시 평문으로 고칠 수가 없다.

역으로 민준이 진호나 진희에게 공개키를 이용해서 자신의 의미가 담긴 암호문을 보내봐야 소용이 없다. 그들은 비밀키를 가지고 있지 않으므로 민준의 암호문을 복호화할 수 없기 때문이다.

보통의 암호 방식인 〈그림 14.1〉과 같은 대칭형 알고리즘에 반해 공개키 방식은 어느 한쪽으로만 전달이 가능한 **비대칭형 알고리즘**(그림 14.2)인 것이다. 마치 종이를 태우면 남은 재를 가지고 다시 종이를 만드는 것이 불가능한 비가역과정이듯 암호화된 이상 평문으로 바꾸는 것은 존재하지 않는 것과 마찬가지다. 서로 정보전달이 가능하다는 기존의 암호개념을 깨뜨린 일방통행 방식을 어떻게 암호라 할 수 있는가? 이 의문이 그들을 가장 혼란스럽게 했다.

한 방향으로만 암호전달이 가능한 비대칭형 알고리즘

15
공개키 알고리즘

두 친구는 공개키 개념을 제대로 이해하기 어려웠다. 첫술에 배부를 수는 없었다. 그들은 찬찬히 알아가기로 하고, 먼저 공개키로 어떻게 암호화하고 복호화하는지 알아보았다.

공개키 알고리즘

---

① 두 개의 소수 p, q를 선택하고, 이 두 수는 비밀로 유지한다.
② $n = pq$를 계산하여, n을 일반에 공개한다.
③ $\mathrm{GCD}(e, \phi(n)) = 1$을 만족하는 e(공개키)를 일반에 공개한다.
④ $ed \equiv 1 (\mathrm{mod}\,\phi(n))$을 만족하는 d(비밀키)를 비밀로 유지한다.

공개키의 암호화 및 복호화

---

① 외부에 공개되는 공개키는 n과 e이고, 비밀키는 d이다.
② 평문 x를 암호화하는 과정: $x^e \equiv y \,(\mathrm{mod}\ n)$에 의해 y로 암호화
③ 암호문 y를 복호화하는 과정: $y^d \equiv x \,(\mathrm{mod}\ n)$에 의해 x로 복호화

표 15.1 공개키 알고리즘

진호는 그저 표 〈15.1〉을 멀뚱히 쳐다볼 뿐 아무 말도 하지 않았다. 또 다른 암호문이었다.

"너, 이 내용이 무슨 뜻인지 알겠니?"

민준은 진호의 물음에 아무 말 없이 표를 한동안 쳐다보았다. 잠시 후 민준이 드디어 말을 꺼냈다.

"나라고 알겠어? 하지만 표의 윗부분은 비밀키와 공개키를 만드는 방법을 소개하고, 아랫부분은 공개키를 이용해서 암호화하는 방법과 비밀키를 이용해서 복호화하는 방법을 적어놓았어."

"야, 그건 나도 알겠다."

진호가 피식 웃었다.

〈표 15.1〉은 또 다른 암호문과 같이

이해하기 힘든 수학 기호가 난무하고 있다.

"그래도 내가 표 중에서 $\phi(n)$의 기호만 생소하고 나머지 기호는 알고 있어."

"그래? 다행이다."

민준의 말에 진호의 얼굴에 미소가 번졌다.

"하나하나 살펴보자. 공개키 알고리즘의 ①과 ②는 어려울 게 전혀 없어. 그냥 소수 두 개를 임의적으로 선택하라는 거니까. 그런데 ③에서 GCD가 무엇을 뜻해?"

"최대공약수야. the Greatest Common Denominator라 해서 GCD로 쓰지."

GCD(Greatest Common Denominator)는 최대공약수

"아, 뭐야? 최대공약수를 이렇게 표현하는구나. 그러면 GCD(18, 24)라는 것은 18과 24의 최대공약수라는 말이지?"

진호의 말에 민준이 고개를 끄덕였다.

"6이 최대공약수니까

$$GCD(18, 24) = 6$$

으로 표시되겠구나."

"맞아."

"그럼 ④번의 $ed \equiv 1 \pmod{\phi(n)}$에서 $\phi(n)$은 너도 모른다고 했으니까 넘어가고, =도 아니고 $\equiv$은 뭐야? mod는 또 뭐고? 이건 뭐 더욱 암담한 암호문이군."

이때 '똑똑' 하는 노크 소리가 들리더니 진희가 문을 빠끔히 열며 얼굴을 내밀었다.

"오빠, 암호 얘기하고 있지? 나도 끼워줘."

최근, 증조할아버지의 비밀문서를 알게 된 후 진희는 오빠에게 이전 같지 않게 공손한 태도를 보였다. 오빠와 같이 암호 해석하는 것이 텔레비전과 스마트폰만큼 재밌었기에, 혹시 자기만 빼놓고 얘기할까 불안하기도 했다. 무엇보다 보물이 있다는데 자신이 빠져서는 안 될 일이었다. 민준이 진희를 반갑게 맞았다.

"그래, 지금 진호에게 설명할 내용은 진희도 어차피 중학생이 되면 알아야 하는 거고, 이제 초등 5학년이니까 충분히 이해할 수 있어."

민준은 진희에게 밥을 떠먹이듯 자상하게 설명하기 시작했다. 그런 민준을 진호가 못마땅한 표정으로 지켜보았다.

3.1 ☆

아래의 괄호 안에 들어갈 단어는?

'자연수 m, n의 곱 mn이 홀수라면 m과 n은 모두 홀수이다'를 귀류법으로 증명하는 과정이다. ( ) 안에 들어갈 단어는?

> 'm과 n은 모두 홀수이다'라는 (   )을 부정한다. 즉, m과 n은 적어도 하나는 짝수라고 가정한다. 가령 m을 짝수라고 가정하면, n의 짝수 혹은 홀수와 관계없이 mn은 항상 (   )이다. 이것은 mn이 홀수라는 (   )에 모순된다.

3.2 ☆☆

$(3, 5)$, $(5, 7)$, $(11, 13)$과 같이 두 소수의 차이가 2인 소수의 쌍을 쌍둥이 소수라고 한다. 이러한 쌍둥이 소수가 무한히 있을 것이라는 추측이 있지만 아직 증명은 되지 않았다. 100 이하에서 앞의 3가지 이외에도 쌍둥이 소수는 5쌍이 더 존재한다. 어떤 소수들의 쌍인가?

3.3 ☆☆☆

소수의 분포는 매우 불규칙적이다. 그러다보니 소수를 만들어내는 공식 역시 알려진 것이 없다. 하지만 어떤 식들은 소수를 많이 만들어내는 것으로 알려져 있다. 그중 하나가 $2n^2+p$이다. 이때, p는 소수이고 n은 0에서 $p-1$까지의 수이다. 아래의 표는 몇 가지 예이다.

	$n=0$	$n=1$	$n=2$	$n=3$	$n=4$
$2n^2+3$	3	5	11		
$2n^2+5$	5	7	13	23	37

위의 표에서 $p=3$인 경우의 $2n^2+3$에서 $n=0, 1, 2$에서 모두 소수를 만들어냈다. 또 $p=5$, 즉 $2n^2+5$에서도 $n=0, 1, 2, 3, 4$에 대해 모두 소수를 만들어냈다. 그렇다면 $p=7$일 때, 즉 $2n^2+7$의 경우는 어떠할까?

3.4 ☆☆☆☆

(이 문제는 본문 4장의 내용을 포함하고 있습니다.)

본문에서 다루는 시저 암호를 한 단계 더 발전시킨 암호로 아핀 암호 (Affine Cipher)가 있다. 이는 다음과 같은 합동식을 사용한 것이다.

$$y = kx + s \pmod{26}$$

여기서 x는 평문에 해당하는 정수, k는 곱셈인자, s는 이동인자이다.

(1) 아핀 암호 $y = 3x + 2 \pmod{26}$을 사용하여 평문 MATHEMATICS 를 암호화하는 방식은 다음과 같다. 먼저 알파벳에 번호를 부여 한다.

A	B	C	D	E	F	G	H	I	J	K	L	M	N	O	P	Q	R	S	T	U	V	W	X	Y	Z
0	1	2	3	4	5	6	7	8	9	10	11	12	13	14	15	16	17	18	19	20	21	22	23	24	25

이제 $y = 3x + 2 \pmod{26}$의 변환식에 의해 대응되는 문자를 구해 본다.

A $3 \times 0 + 2 = 2$ C

B $3 \times 1 + 2 = 5$ F

즉, A는 C, B는 F로 암호화된다. 이렇게 1 대 1로 대응되는 아래의 표를 완성하고, 이로부터 MATHEMATICS를 암호문으로 바꾸라.

A	B	C	D	E	F	G	H	I	J	K	L	M	N	O	P	Q	R	S	T	U	V	W	X	Y	Z
0	1	2	3	4	5	6	7	8	9	10	11	12	13	14	15	16	17	18	19	20	21	22	23	24	25
↓	↓	↓	↓	↓	↓	↓	↓	↓	↓	↓	↓	↓	↓	↓	↓	↓	↓	↓	↓	↓	↓	↓	↓	↓	↓
2	5	8	11	14	17																				
C	F	I	L	O	R																				

(2) 아핀 암호에서 $k=1$, $s=3$일 때가 바로 시저 암호에 해당한다. 그리고 이 암호방식이 정상적으로 작동하기 위해서는 곱셈인자 k가 26(알파벳의 개수에 해당)과 서로소의 관계에 놓여야 한다. $k=6$, $s=0$인 $y=6x \pmod{26}$의 아핀 암호는 6과 26이 서로소의 관계가 아니므로 암호의 역할을 수행할 수 없다. 왜 그러한지 아래의 문자와 숫자 간의 대응표를 만들어보고 그 이유를 찾아보라.

A	B	C	D	E	F	G	H	I	J	K	L	M	N	O	P	Q	R	S	T	U	V	W	X	Y	Z
0	1	2	3	4	5	6	7	8	9	10	11	12	13	14	15	16	17	18	19	20	21	22	23	24	25
↓	↓	↓	↓	↓	↓	↓	↓	↓	↓	↓	↓	↓	↓	↓	↓	↓	↓	↓	↓	↓	↓	↓	↓	↓	↓
0	6	12	18	24																					
A	G	M	S	Y																					

4장

지식을 꿰어 지혜로

수학계의 거장, 오일러

1900년 다비트 힐베르트가 제시한 23대 문제와, 새로운 천년을 맞이한 2000년에 발표된 7대 밀레니엄 문제에 공통으로 들어 있는 문제가 하나 있다. 바로 '리만 가설'이라 불리는, 현재 가장 유명한 미해결 문제다. 그리고 이 리만 가설 태동의 시초라 할 수 있는 문제가 '바젤 문제'로서, 아래의 무한급수의 수렴값을 계산해내는 것이다.

$$\frac{1}{1} + \frac{1}{2^2} + \frac{1}{3^2} + \cdots$$

1650년 처음 제기된 이 바젤 문제는 저명한 여러 수학자들도 해결하지 못해 악마적인 문제로 명성을 날렸으며, 당시 최고의 수학자였던 야코프 베르누이마저 '누구든지 이 문제의 답을 알려주면 매우 고맙겠다'라는 말을 남길 정도였다고 한다.

마침내 이 문제는 1735년 레온하르트 오일러(1707~1783)에 의해 해결되었다.

$$\frac{1}{1} + \frac{1}{2^2} + \frac{1}{3^2} + \cdots = \frac{\pi^2}{6}$$

오일러는 생전 매년 800쪽 분량의 글을 쓸 만큼 엄청난 저술과 연구 활동을 벌였다. 평생 수학 연구에 매달린 오일러는 이 문제의 해결 외에도 가장 아름다운 수학공식으로 알려진 $e^{i\pi} + 1 = 0$을 비롯하여 오일러의 이름이 들어간 방대한 양의 이론을 남겼다.

16

합동식의 정의

"진희야, 너 8을 3으로 나눈 나머지가 몇인지 구할 수 있지?"

"어머나? 오빠, 나 이제 5학년이야."

진희가 당당하게 말했다. 한편으로는 이런 질문을 던지는 숨은 의도가 뭘까 궁금해하며 마지못해 답했다.

"몫은 2이고 나머지도 2야."

"그래, 맞아. 그러면 11을 3으로 나눈 나머지는?"

"이야, 완전히 나를 무시하나봐. 몫은 3이고, 나머지는 좀 전과 같이 2 야."

"그래, 2부터 시작해서 5, 8, 11, … 등은 모두 3으로 나눠서 2가 남는 수야. 3으로 나눈 나머지의 관점에서 보면 이들 수들은 모두 같은 수들이지. 그래서 다음과 같이 표현해."

$$2 \equiv 5 \equiv 8 \equiv 11 \equiv \cdots \pmod 3$$

"이렇게 표현하는 것을 **합동식**이라고 해. 'mod 3'은 3으로 나눈 나머지의 값을 뽑아내는 것을 뜻하고, 나머지가 같은 수들은 우리가 일반적으로 알고 있는 등호 '='와 구별하기 위해 '≡'으로 대체해서 표현하지."

합동식은 나머지 관점에서 수들을 분류한다.

"민준 오빠, 그러면 3으로 나눠 1이 남는 수인 1, 4, 7, 10 등은 이렇게 표현해?"

$$1 \equiv 4 \equiv 7 \equiv 10 \equiv \cdots (\text{mod } 3)$$

"맞아."

식을 물끄러미 바라보며 잠시 생각을 정리하던 진희가 물었다.

"그런데 군이 왜 저런 기호를 사용해?"

"3으로 나누는 문제들을 다룰 때 나머지에 따라 수들을 3그룹으로 분류하면 문제를 더 간단하게 해결할 수 있어서 이런 정의를 도입한 거야."

"왜?"

나머지로 수들을 분류하여 mod라는 기호로 표현하는 거야 이해고 뭐고 필요 없었다. 그냥 그렇게 하자고 했으니까 그저 외우면 그만이다. 진희는 마치 단팥 빠진 호빵 같은 느낌을 지울 수 없었다. 식의 표현은 이해할 수 있지만 너무 기계적이었다.

진희뿐만 아니라 옆에서 묵묵히 듣고 있던 진호 역시 고개를 갸우뚱하자 설명을 이어가던 민준은 난감함이 앞섰다. 적절한 예가 필요한 시점이건만 그의 머릿속에 떠오르는 사례가 없었다. 사실 그 자신조차 합동식

도입의 명확한 근거를 모르고 있었다.

"진희야, 어떤 이점이 있으니까 그렇게 사용하는 거겠지. 나도 처음 접하는 내용이라 헷갈리는데 자꾸 사용하다 보면 알게 될 거야. 그건 그렇고 합동식이 가지는 다른 특징은 없어?"

진호가 난감해하는 민준의 마음을 읽고 얼른 다른 주제로 넘어갔다.

"사칙연산이 가능해. 아래와 같은 합동식에서 내가 양변에 4를 더해볼게."

$$5 \equiv 12 \ (\mathrm{mod}\ 7)$$

(16.1)

"좌변은 5에 4를 더한 9를 7로 나눈 나머지가 2, 우변은 16이 되므로 7로 나눈 나머지는 2가 되겠네. 양변에 같은 수를 더해도 나머지는 계속 같아."

$$5+4 \equiv 12+4 \ (\mathrm{mod}\ 7) \quad \rightarrow \quad 9 \equiv 16 \ (\mathrm{mod}\ 7)$$

"덧셈이 성립한다는 점에서 뺄셈도 성립한다는 사실은 충분히 알 수 있을 거야."

진희는 민준의 설명을 경청했지만 감동은 없었다. 기호가 생소하다기보다는, 이해 못 할 것도 없는 내용을 왜 굳이 저와 같이 사용하는지 알 수 없었기 때문이다. 다행히 사칙연산으로 설명하니 어려움 없이 이야기를 쫓아갈 수는 있었다.

"그럼, 오빠. 덧셈, 뺄셈처럼 곱셈과 나눗셈에서도 성립한다는 얘기지?"

"당연히 그런 생각이 들 수도 있겠지만 사실 사칙연산 중 나눗셈에 대해서만 성립하지 않아."

합동식은 나눗셈을 제외한 사칙연산이 가능하다.

"왜?"

진호와 진희가 의아함에 동시에 말했다. 그러자 진호가 바로 한 가지 예를 들어 민준의 말이 사실인지 살펴봤다.

"곱셈은 느낌상 충분히 될 것 같아. 〈식 16.1〉의 양변에 4를 곱하면 좌변은 20이 되어 7로 나눈 나머지가 6, 우변은 48로 역시 7로 나눈 나머지가 6이야."

$$5 \times 4 \equiv 12 \times 4 \ (\mathrm{mod}\ 7) \quad \rightarrow \quad 20 \equiv 48 \ (\mathrm{mod}\ 7)$$

"확실히 곱셈은 성립해. 나눗셈은……. 민준아, 되는데? 위의 '20 ≡ 48 (mod 7)'에서 다시 4로 나누면 원래의 〈식 16.1〉로 돌아가잖아!"

"어? 분명히 나눗셈은 성립하지 않는다고 했는데?"

민준이 난처한 표정을 지었다. 곱한 것을 다시 나누니 제자리로 돌아오는 것이 당연하지 않은가! 곤혹스러웠다. 처음 배울 때 별다른 의문 없이 그런가보다 하고 넘어갔던 내용이었다. 순간 민준은 자신이 알고 있는 지식이 사상누각 같았다. 어려운 수학 문제를 남들보다 더 잘 풀어왔기에 수학영재반에서 상위 수학을 배우고 있었다. 나름 제법 한다고 생각했지만 최근 진호와 암호문 해석과정에서 민준은 자신의 부족함을 곧잘 마주한다.

너무 당연하게 정보를 받아들이기만 했기 때문인가? 어쩌면 이번의 경험이 민준에게는 한 단계 더 발전할 수 있는 계기가 될 수 있을지도 모르겠다. 오빠 둘이 얘기하는 동안 옆에서 종이에다 열심히 뭔가를 끄적이던 진희가 뜻밖의 계산 결과를 보여주었다.

"오빠!"

진희의 목소리가 상당히 컸는지 둘은 화들짝 놀라며 진희를 바라보았다.

"$2 \equiv 10 \ (\mathrm{mod}\ 8)$일 때에는 성립하지 않아. 봐, 2로 나누면 양변이 각각 1과 5가 되어 나눗셈이 성립하질 않잖아."

$$2 \equiv 10 \ (\mathrm{mod}\ 8) \xrightarrow{\text{양변을 2로 나눈다}} 1 \not\equiv 5 \ (\mathrm{mod}\ 8)$$

진희의 계산에 진호가 놀란 표정을 지었다.

"야, 너 제법이네. 그런 것을 찾아내고."

"나도 할 수 있는 것이 있거든. 무시하지 마."

"그렇지만 mod 8이어도 성립하는 경우가 있어."

$$2 \equiv 18 \ (\mathrm{mod}\ 8) \xrightarrow{\text{양변을 2로 나눈다}} 1 \equiv 9 \ (\mathrm{mod}\ 8)$$

남매 둘이 보물찾기라도 하듯 주거니 받거니 상반되는 사례를 끄집어 내는 동안 민준의 머릿속은 점점 더 혼란스러워졌다. 비염에라도 걸린 듯 숨소리를 크게 한 번 내뿜었다. 자신이 아무 생각 없이 받아들였던 정보의 실체를 이제는 스스로 확인해야 할 때였다.

17
사칙연산이 가능한 합동식

둘의 대화를 들으며 생각에 빠져 있던 민준이 조심스레 말을 꺼냈다.

"수학에서는 하나라도 만족하지 않으면 성립 안 하는 것으로 알고 있어. 그래서 나눗셈에 대해서는 합동식이 적용되지 않는다고 하나봐."

"나도 그런 생각이 들어."

가만히 오빠 둘의 얘기를 듣던 진희가 반론을 제기했다.

"그래도 어떤 때는 성립하고, 어떤 때는 안 하는 게 이상해. 이유가 있을 거 아니야?"

"그렇기도 해."

민준이 진희의 말에 동의하자 진호는 바로 제안을 했다.

"그러면 어떤 경우에 성립하고 안 하는지부터 조사해보자."

그들은 'mod 7'과 'mod 8'에 대해 다양한 사례를 놓고 나눗셈에 대한 성립 여부를 차분히 조사해보았다. 한참 계산하던 민준이 마침내 말을 꺼냈다.

$2 \equiv 10 \ (mod \ 8)$을 2로 나눌 때, $1 \not\equiv 5 \ (mod \ 8)$

$2 \equiv 18 \ (mod \ 8)$을 2로 나눌 때, $1 \equiv 9 \ (mod \ 8)$

$3 \equiv 27 \ (mod \ 8)$을 3으로 나눌 때, $1 \equiv 9 \ (mod \ 8)$

$4 \equiv 12 \ (mod \ 8)$을 4로 나눌 때, $1 \not\equiv 3 \ (mod \ 8)$

$4 \equiv 20 \ (mod \ 8)$을 4로 나눌 때, $1 \not\equiv 5 \ (mod \ 8)$

$4 \equiv 36 \ (mod \ 8)$을 4로 나눌 때, $1 \equiv 9 \ (mod \ 8)$

$5 \equiv 45 \ (mod \ 8)$을 5로 나눌 때, $1 \equiv 9 \ (mod \ 8)$

$\vdots$

표 17.1 　mod 8에서 나눗셈이 성립하는 경우와 그렇지 않은 경우

"진호, 진희야. 'mod 7'은 항상 나눗셈이 성립해. 하지만 'mod 8'에서 3, 5, 7로 나누는 경우는 나눗셈이 항상 성립되고 2, 4, 6으로 나눌 때에는 성립되는 경우도 있고 그렇지 않은 경우도 있어. 어떤 차이가 있다는 말인데?"

진호가 고개를 끄덕였다.

"몇 가지를 더 조사해보자. 진희도 거들 수 있지?"

"물론이지."

진희는 오빠들과 '암호풀이 대원'으로 참여하는 게 즐거웠다. 혹시 나중에라도 이 멤버에서 빠지는 사태를 막기 위해서, 부족한 실력에도 자신이 할 수 있는 한 열심히 참여하고 있었다.

"그래, 그러면 진희는 mod 9, mod 10, mod 11, 민준은 mod 12, mod 13, mod 14, 나는 mod 15, mod 16, mod 17에 대해서 민준이 mod 8에

서 한 것과 마찬가지 방법으로 해보자."

"왜 그렇게 많이 해봐?"

"그래야 어떤 패턴이 있는지 파악하기 쉽거든."

"무슨 패턴?"

"그거야 해봐야 알지! 어쨌든 수학은 규칙을 찾아야 문제를 쉽게 해결하는 방법을 찾아낼 수 있어. 네가 지난번 소수 판정했을 때를 생각해봐. 많은 수를 계산하면서 쉽게 찾아내는 방법을 고민하다 보니 방법을 깨달았잖아?"

"그렇구나. 알았어, 오빠."

진희는 자신이 직접 경험해본 일이라 오빠의 말을 십분 이해했다. 셋은 합심하여 각자가 맡은 수에 대해 조사하기 시작했다. 그리고 그들이 조사한 결과를 일목요연하게 표로 정리했다.

	항상 성립하는 n	성립하지 않은 사례의 n
mod 9	2, 4, 5, 7, 8	3, 6
mod 10	3, 7, 9	2, 4, 5, 6, 8
mod 11	2, 3, ⋯, 9, 10	−
mod 12	5, 7, 11	2, 3, 4, 6, 8, 9, 10
mod 13	2, 3, ⋯, 11, 12	−
mod 14	3, 5, 9, 11, 13	2, 4, 6, 7, 8, 10, 12
mod 15	2, 4, 7, 8, 11, 13, 14	3, 5, 6, 9, 10, 12
mod 16	3, 5, 7, 9, 11, 13, 15	2, 4, 6, 8, 10, 12, 14
mod 17	2, 3, ⋯, 15, 16	−

표 17.2 mod 9의 경우, 양변을 2, 4, 5, 7, 8로 나눌 수 있는 mod 9의 합동식은 항상 성립하고, 3, 6은 성립하지 않은 사례가 있다.

〈표 17.2〉에서 공통점 한 가지는 매우 쉽게 찾아낼 수 있었다. mod n에서 n이 소수이면 나눗셈은 항상 성립한다는 점이다.

mod n의 n이 소수이면 합동식의 나눗셈은 항상 성립한다.

그러면 소수가 아닌 합성수에서는 규칙이 존재할까? 있다면 어떤 규칙이?

지식이 채워질수록 깊이는 깊어질지 몰라도 다양성은 사라져 발상이 쉽게 이뤄지지 않는다. 오히려 참신한 발상은 덜 채워진 상태에서 나오는 경우가 더 많다. 그래서 그런지 이 순간 아직은 오빠들보다 지식이 적은 진희가 어린아이의 눈으로 새로운 길을 찾아냈다.

"오빠, 내가 아는 것이 없어 생각이 짧아서 그런지 모르지만, 나눗셈이 성립하지 않는 수들은 그 mod에 해당하는 수의 약수와 관련이 있는 것 같아. 확실하지는 않지만."

진희의 말을 듣는 순간 진호의 뇌리에 불꽃이 번쩍였다.

"그래! 주어진 수와 그 수로 나눈 나머지가 서로소의 관계에 있을 때에는 나눗셈이 성립하지만 **서로소**가 아닌 경우는 나눗셈이 성립하지 않아."

어리둥절해하는 둘의 모습에 아랑곳없이 진호는 계속 자신의 생각을 이어나갔다.

"mod 9에서는 나머지가 9와 서로소가 아닌 3, 6일 때 나눗셈이 성립하지 않지만, 9와 서로소의 관계에 있는 2, 4, 5, 7, 8에 대해서는 성립하고 있거든."

mod n의 n과 서로소의 관계에 놓인 합동식은 나눗셈이 성립한다.

"응? 서로소가 뭐야?"

'서로소'는 진희가 처음 듣는 용어였다. 민준이 진희의 의문점을 풀어주기 위해 설명을 해주었다.

"두 수의 약수가 1밖에 없을 때 두 수를 서로소라고 해. 예를 들면, 8은 1, 2, 4, 8이 약수이고 15는 1, 3, 5, 15가 약수야. 이건 너도 충분히 알고 있지? 그리고 이 두 수는 1을 제외하고는 공통된 약수가 없어. 이런 관계에 놓인 8과 15를 '서로소'라고 해. 반면 12와 15는 공통된 약수 3이 있잖아. 그래서 두 수는 서로소가 아니야."

"그렇구나, 민준 오빠 설명은 귀에 쏙쏙 들어와. 그러니까 9는 2, 4, 5, 7, 8과는 서로소이고 3, 6과는 서로소가 아니라는 얘기잖아."

"맞아. 너, 빨리 이해하네."

오빠 친구의 칭찬에 기분이 좋아진 진희는 어깨를 들썩거렸다.

셋은 몇 가지 경우에서 확인 작업을 더 진행했다. 소수와 서로소가 기묘하게 작동하여 이런 놀랍고 재밌는 결과를 도출하고 있는 수의 세계를 보고 그들은 넋이 빠진 듯했다. 무엇보다 민준에게는 색다른 경험이었다. 무조건 지식을 습득하는 것이 매우 위험하다는 깨달음을 얻었기 때문이다. 분명 지금의 경험은 앞으로의 공부에 커다란 길잡이 역할을 하게 될 것이다.

"mod n에서 n이 소수인 경우 n보다 작은 수는 모두 서로소이기에 나눗셈이 항상 성립하는 이유가 되기도 하겠네."

옆에서 오빠 둘이 대화하는 것을 지켜보던 진희가 말했다.

"오빠들, 대단하다."

18

거듭제곱의 나머지 계산

열띤 토론을 했던 전날 밤을 뒤로하고 다음 날 세 사람이 다시 진호의 방에 모여 앉았다. 암호를 해석하기 위한 이들의 열정은 좀체 멈추지 않았다.

"합동식의 의미를 알게 되었으니까, 공개키 알고리즘에서 $x^e \equiv y \pmod{n}$에 대해 연습 삼아 한번 계산해봐도 좋겠어."

진호의 제안에 민준이 고개를 끄덕였다. 이때 잠자코 듣고 있던 진희가 말했다.

"$x^e \equiv y \pmod{n}$이 도대체 뭐야? x, e, y 등 모두 영문으로 되어 있잖아."

"음, 일단 우리가 하는 것을 보고 나면 $x^e \equiv y \pmod{n}$이 무슨 의미인지 알 수 있을 거야."

민준은 차분하게 말을 시작했다.

"x, e, n은 모두 숫자를 대신해서 적은 기호니까 여기에 적절한 수를 대입해보는 게 좋겠어. $x = 5, e = 6, n = 7$로 하자."

"다른 문자에는 수를 대입하지만 왜 y에는 그렇게 하지 않아?"

진희의 물음에 민준이 답했다.

"응, y를 제외한 문자에 내가 제안한 수를 대입해봐."

$$5^6 \equiv y \pmod 7$$

민준이 계속 말했다.

"결국 이 식은 5^6을 7로 나눈 나머지가 y가 된다는 뜻이야. y가 무엇인지는 해봐야 알 수 있어."

이렇게 말하고 나서 민준이 계산을 했다.

"$5^6 = 15625$이고, 7로 나눈 나머지를 구하면…… 1이니까 $y = 1$이 되겠다."

민준은 진희가 이해할 수 있도록 계산 결과를 식으로 적어보았다.

$$5^6 \equiv 1 \pmod 7$$

"그런데 상황에 따라 5^6을 7로 나눈 나머지를 구하는 것이 아니라, 7^{100}을 11로 나눈 나머지를 구한다거나, 11^5을 13으로 나눈 나머지를 구할 수도 있겠지. 하지만 이 모든 경우는 어떤 수의 거듭제곱을 또 다른 수로 나눈 나머지를 구한다는 얘기야. 그래서 이런 식들을 한 번에 표현하는 방법이 바로 $x^e \equiv y \pmod n$이지. x의 거듭제곱 x^e을 n으로 나눈 나머지를 y로 놓는다는 의미로 해석할 수 있지. 이해되지?"

임의의 수들의 반복적인 과정은 수를 문자로 대체하여 표현한다.

"약간."

고개를 갸우뚱하면서 진희가 말했다.

"그러면 5^{10}을 7로 나눈 나머지를 구해볼래?"

"해볼게."

5^{10}은 지루한 계산이라 진희는 끙끙대며 5를 2번 곱한 결과에 다시 5를 곱하고, 그 결과에 재차 5를 곱하는 반복 작업을 수행한 끝에 결국 5를 10번 곱한 값이 9765625임을 알게 되었다. 그리고 이 값을 7로 나눠 나머지가 2임을 확인하고 아래와 같이 수식을 적었다.

$$5^{10} \equiv 2 \ (\mathrm{mod}\ 7)$$

"진희, 잘하네!"

민준의 칭찬이 있었지만, 잠자코 동생이 하는 모습을 지켜보던 진호가 핀잔을 줬다.

"야, 그렇게 무식하게 한 걸 잘했다고 생각해?"

진호의 지적에 진희는 허탈한 기분이 들었는지 절로 한숨이 나왔다. 약이 오른 진희가 오빠에게 문제를 제시했다.

"그럼 오빠, 5^{100}에 대해 계산해봐."

진호는 순간 질겁했다.

"야, 그건 말도 되지 않아. 어떻게 계산하냐?"

"피……."

동생의 문제는 황당했기에 씩씩댈 수밖에 없었다. 하지만 민준은 빙그레 미소를 지으며 가능하다고 얘기했다. 가능하다고?

"진희야, 너는 5, 5^2, …, 5^6까지의 수들을 7로 나눈 나머지를 구하고, 진호는 5^7부터 5^{12}까지의 나머지를 구해봐."

진호는 민준의 생각이 궁금했지만 말 없이 알려준 대로 계산했다. 두 사람의 계산이 끝나고 민준은 그 결과를 〈표 18.1〉에 정리했다.

거듭제곱	5^1	5^2	5^3	5^4	5^5	5^6	5^7	5^8	5^9	5^{10}	5^{11}	5^{12}
7로 나눈 나머지	5	4	6	2	3	1	5	4	6	2	3	1

표 18.1　5의 거듭제곱을 7로 나눈 나머지

표를 본 순간 진호는 민준의 의도를 정확하게 짚을 수 있었고, 5^{100}도 충분히 계산 가능하다는 것을 이해할 수 있었다.

"이제 알겠다. 어차피 나머지를 구하는 것이 목적이므로 굳이 5^{100}을 계산할 필요가 없구나. 5의 거듭제곱을 7로 나눈 나머지가 5, 4, 6, 2, 3, 1로 계속 반복하고 있어. 어쩌면 지난번 순환소수와 이렇게 같은 상황이냐?" (그림 3.2 참조)

진호는 숫자들이 펼치는 향연에 황홀한 표정을 지었다. 진호가 얘기를 멈추자 민준이 말을 이어나갔다.

"5^6을 7로 나눈 나머지가 1인 점에 착안하면, 5^{12}을 7로 나눈 나머지도 1이고, 계속해서 5^{18}, 5^{24}, ⋯ 역시 모두 나머지가 1이 될 거야. 그렇게 따지면 5^{96}의 경우도 나머지가 1이 되겠지. 따라서 5^{100}을 7로 나눈 나머지는 5^4의 나머지와 같게 되므로 2가 되겠네."(그림 18.2)

$$5^6 \equiv 5^{12} \equiv \cdots \equiv 5^{96} \equiv 1 \ (\mathrm{mod}\ 7)$$
$$\rightarrow 5^{96} \times 5^4 \equiv 1 \times 5^4 \ (\mathrm{mod}\ 7)$$

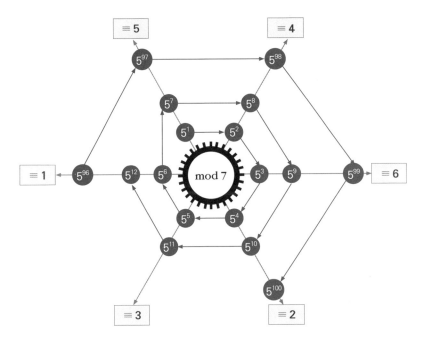

그림 18.2 5의 거듭제곱을 7로 나눈 나머지의 흐름도

$$\therefore 5^{100} \equiv 5^4 \equiv 2 \ (\text{mod } 7)\ (\therefore 는 \ '그러므로'를 표현하는 수학 기호)$$

5의 거듭제곱을 7로 나눈 나머지는 5, 4, 6, 2, 3, 1로 반복한다.

"민준 오빠가 그림까지 곁들여 설명해주니까 무슨 소리인지 바로 알겠어. 6개의 수가 반복하니까 나머지가 1이 되는 경우만 찾으면 해결되겠구나. 합동식이 편한 점도 있구나."

합동식의 장점을 묻는 진희의 물음에 어제 민준은 난감해하며 적절한 대답을 해주지 못했다. 그런 진희가 스스로 합동식의 장점을 말하고 있었다. 민준은 이 상황이 신기해 기분이 한껏 고조되었다.

"지금 이 경우가 합동식이 가진 장점이야. 그러니까 5의 거듭제곱의 모든 수를 7의 나머지인 1에서 6까지의 6개의 수로 가둬버린 격이잖아. mod 7에서는 모든 계산을 오직 이 6개의 수로만 해결할 수 있어."

민준의 말을 듣던 진호가 깨달은 점이 하나 생겼다.

"나머지만 생각하면 다음과 같이 계산해도 되겠네. 이미 $5^2 \equiv 4 \pmod 7$인 것은 알고 있어. 그리고 합동식은 양변에 어떤 수를 곱해도 상관없으니까 양변에 5를 곱해보자고. 그러면 좌변은 5^3이고, 우변은 $4 \times 5 = 20$인데 20은 7로 나눈 나머지가 6이니까 다음과 같아지겠지.

$$5^3 \equiv 20 \equiv 6 \pmod 7$$

그리고 또 5를 곱할 때 20에 곱할 필요 없이 6에 곱해도 되니까 5^4은 30과 같을 거야."

$$5^4 \equiv 30 \equiv 2 \pmod 7$$

이렇게 하면 직접 5^4 등을 계산하지 않고 나머지를 구할 수 있겠어."

"신기하네, 오빠. 나도 해보게 문제 하나 내줘봐."

"알았어. 조금 어렵게 낼게. 4^{1000}을 11로 나눈 나머지를 구해봐."

"헐, 너무 어려운 거 아니야?"

"어차피 같은 방법으로 하니까 크게 차이는 없어."

할 수 없다는 듯이 진희는 오빠가 했던 방법대로 계산하기 시작했다. 오빠가 풀이한 것을 옆에 놓고 찬찬히 보며 그대로 따라하니 생각보다 그리 어렵지 않았다. 그리고 결국 4^5일 때 11로 나눈 나머지가 1임을 확인한 진희는 4^{1000}의 나머지가 1이 됨을 알 수 있었다.(그림 18.3)

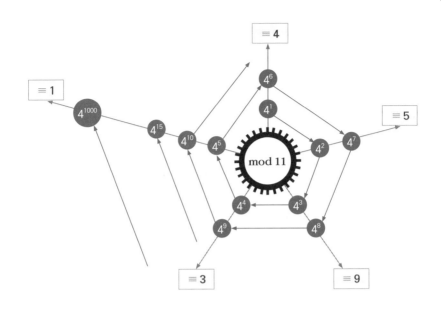

그림 18.3 　4의 거듭제곱을 11로 나눈 나머지

"제법이네."

진희도 혼자 힘으로 해결한 것이 너무도 자랑스러웠다. 아마 이 문제를 사전 정보 없이 바로 접했으면 답을 구하지 못했을 것이다. 어떻게 4^{1000}을 계산할 것인가? 누구나 계산은 할 수 있지만 어느 누구도 도전하지 않을 계산이 아닌가.

합동식을 이용하면 거듭제곱의 나머지 계산을 매우 간편하게 할 수 있다.

한편 진호는 동생이 하는 것을 물끄러미 지켜보면서 거듭제곱의 계산을 빠르게 처리하기 위해서는 몇 번의 거듭제곱 만에 나머지가 1이 나오는지를 알아내면 계산이 더욱 쉬워질 것을 눈치챘다. 즉,

$$a^n \equiv 1 \ (\mathrm{mod}\, b) \qquad \text{(18.4)}$$

에서 a와 b에 따라 이 식을 만족하는 n을 알고 있으면 위의 계산들은 용이할 것이다. 그럼 n을 어떻게 알아낼까?

19

페르마의 소정리

마치 꼬리에 꼬리를 무는 질문의 연속이었다. 하나의 의문점이 해결되는 과정에서 또 하나의 의문점이 생겨났다.

"그런 방법이 있을까?"

민준은 진호가 제기한 문제(식 18.4)의 해결이 직감적으로 쉽지 않으리라 생각했다. 하지만 어려운 문제를 해결했을 때의 기쁨을 알고 있기에 도전의식이 생기기 시작했다. 질문이 어려울수록 더 그랬다.

지금까지의 과정에서 민준은 수학 문제를 밑바닥부터 살펴보았을 때 어떤 패턴이 보이고 그것을 통해 유추하여 해결해나가는 방식이 좋다는 것을 익혔다. 그 점을 떠올리면서 진호와 진희에게 다음과 같이 제안했다.

"이렇게 하자. mod 11에서 4의 5제곱 만에 나머지가 1이 나왔잖아. 그러면 mod 11에서 다른 수에 대해서도 항상 5제곱 후에 나머지가 1이 나오는지부터 확인하는 것이 좋겠어. 4는 했으니까 제외하고 진희가 2, 3을 맡고, 민준 네가 5, 6, 7, 그리고 내가 8, 9, 10에 대해 맡아 조사해보는 게 어때?"

세 사람은 각자 맡은 수들에 대해 몇 번을 곱했을 때 11로 나눈 나머지가 1이 나오는지를 계산했다. 그 결과(표 19.1) 나머지가 1이 나오는 것이 x의 값에 따라 2, 5, 10번의 거듭제곱에서 발생했다. 사실 진호는 시작할 때 항상 같은 횟수의 거듭제곱에서 나머지가 1이 나오지 않을까, 하고 짐작했다. 하지만 자신의 예상과는 다른 결과를 얻게 되자 난감해졌다.

x	2	3	4	5	6	7	8	9	10
e	10	5	5	5	10	10	10	5	2

표 19.1 $x^e \equiv 1 \pmod{11}$. 각 x에 대한 e번의 거듭제곱 x^e을 11로 나눈 나머지가 1이 나오는 값

하지만 경험이 보배인가? 진호는 순간 떠오르는 것이 있었다.

"〈표 19.1〉의 결과를 보면 거듭제곱을 소수 11로 나눈 나머지가 1이 되는 사례가 10의 약수와 관련이 있어 보여. 지난번 합동식의 나눗셈에서 소수와 합성수를 따로 생각했듯이 느낌상 지금도 구분해서 살펴볼 필요가 있어. 먼저 소수에 대해서만 생각하면, 13으로 나눈 경우는 12의 약수인 2, 3, 4, 6, 12번의 거듭제곱에서 나머지가 1이 나오지 않을까?"

셋은 다시 수를 분담해 몇 번의 거듭제곱에서 13으로 나눈 나머지가 1이 되는지를 조사했고, mod 11과 mod 13의 결과를 〈그림 19.2〉에서와 같이 그려보았다. 진호의 예상은 적중했다.

"확신하기에는 이르지만 분명 mod n에서 n이 소수이면 어떤 수이건 n보다 1이 적은 $(n-1)$의 약수만큼 거듭제곱한 수를 n으로 나눈 나머지가 1이 될 것이라고 충분히 예상할 수 있겠어."

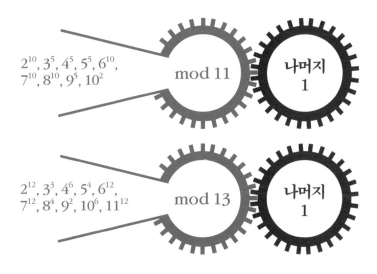

$2^{10}, 3^{5}, 4^{5}, 5^{5}, 6^{10},$
$7^{10}, 8^{10}, 9^{5}, 10^{2}$

mod 11

나머지
1

$2^{12}, 3^{3}, 4^{6}, 5^{4}, 6^{12},$
$7^{12}, 8^{4}, 9^{2}, 10^{6}, 11^{12}$

mod 13

나머지
1

그림 19.2 $x^{e} \equiv 1 \pmod{11}$과 $x^{e} \equiv 1 \pmod{13}$

진호는 기분이 날아갈 듯했다. 남들이 밝혀내지 못한 새로운 사실을 찾아내지 않았을까 하는 착각에 빠졌다. '아무렴, 이런 사실은 이미 밝혀져 있겠지.'

한편 민준은 소수 17을 가지고 같은 작업을 하여 그들이 얻어낸 결론이 틀리지 않음을 재차 확인했고, 다음의 말을 덧붙였다.

"n이 소수일 때 $(n-1)$의 약수의 수만큼 거듭제곱한 수를 n으로 나눈 나머지가 1이라는 사실로부터 어떤 수이건 $(n-1)$번의 거듭제곱에서는 항상 n으로 나눈 나머지가 1이 된다는 사실을 이끌어낼 수 있겠네."

"무슨 말이야, 오빠?"

"응, 〈그림 19.2〉에서 소수 13으로 나누는 경우 항상 12의 약수만큼의 거듭제곱에서 나머지가 1이 나왔잖아. 예를 들어 5의 경우는 5^{4}에서 13으로 나눈 나머지가 1이었어. 그러니까 5^{12}에서도 당연히 나머지가 1이 나올 것이라는 말이지."

$$2^{12} \equiv 1 \ (\text{mod} \ 13)$$

$$3^3 \equiv 3^6 \equiv 3^9 \equiv 3^{12} \equiv 1 \ (\text{mod} \ 13)$$

$$\vdots$$

$$x^{12} \equiv 1 \ (\text{mod} \ 13)$$

그렇다! 세 사람이 노력한 결과 n이 소수이면 임의의 자연수 x(x는 n과 서로소)를 $(n-1)$만큼 거듭제곱한 값 x^{n-1}을 소수 n으로 나눈 나머지는 항상 1이라는 사실을 알게 되었다. 물론 이에 대한 논리적 증명은 하지 못 했지만 이런 발견만으로도 세 사람의 기분은 충분히 최고조였다.(아래의 〈식 19.3〉은 '페르마의 소정리'라 한다. 〔부록 7〕 페르마의 소정리의 증명)

$$x^{n-1} \equiv 1 \ (\text{mod} \ n) \ \textbf{(단} \ n \textbf{은 소수)} \tag{19.3}$$

"가끔은 이런 반복 계산도 필요하구나. 그 과정에서 얻은 게 많아."

기쁨에 들뜬 진호가 많은 진리를 일깨우게 한 오늘 하루에 감사한 듯 말했다. 그리고 또 다른 의문점을 제시했다.

"소수가 아닌 남아 있는 또 다른 수, 그러니까 합성수로 나눌 때에도 〈식 19.3〉이 성립할까?"

진호의 말에 민준이 얘기했다.

"합동식의 나눗셈에서 소수와 합성수가 서로 다르게 적용되었잖아. 이 번에도 그럴 가능성이 있지는 않을까? 직접 확인해보자."

20
소수와는 다르게 움직이는 합성수

mod n에서 n이 합성수일 때에는 어떻게 될까? n이 소수일 때에는 어떤 수이건 확실히 $(n-1)$만큼의 거듭제곱에서 n으로 나눈 나머지가 1이 되었는데, n이 합성수일 때도 같은 결과가 도출될 것인가? 세 사람은 굉장히 궁금해졌다. 경험상 다른 결과를 도출할 것 같았다. 그들은 각각 한

mod n에서 n으로 나눈 나머지가 1이 나오는 거듭제곱		
mod 12	mod 15	mod 21
$5^2 \equiv 1 \pmod{12}$	$2^4 \equiv 1 \pmod{15}$	$2^6 \equiv 1 \pmod{21}$
$7^2 \equiv 1 \pmod{12}$	$4^2 \equiv 1 \pmod{15}$	$4^3 \equiv 1 \pmod{21}$
$11^2 \equiv 1 \pmod{12}$	$7^4 \equiv 1 \pmod{15}$	$5^6 \equiv 1 \pmod{21}$
	$8^4 \equiv 1 \pmod{15}$	$8^2 \equiv 1 \pmod{21}$
	$11^2 \equiv 1 \pmod{15}$	$10^6 \equiv 1 \pmod{21}$
	$13^4 \equiv 1 \pmod{15}$	$11^6 \equiv 1 \pmod{21}$
	$14^2 \equiv 1 \pmod{15}$	$13^2 \equiv 1 \pmod{21}$
		$16^3 \equiv 1 \pmod{21}$
		$17^6 \equiv 1 \pmod{21}$
		$19^6 \equiv 1 \pmod{21}$
		$20^2 \equiv 1 \pmod{21}$

표 20.1 거듭제곱을 각각 12, 15, 21로 나눈 나머지가 1이 되는 사례

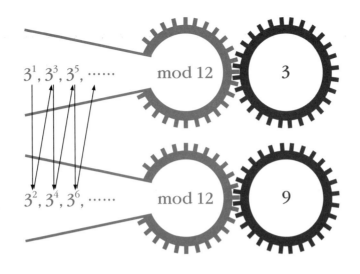

$3^1, 3^3, 3^5, \cdots\cdots$

mod 12

3

$3^2, 3^4, 3^6, \cdots\cdots$

mod 12

9

그림 20.2   mod 12에서 3의 거듭제곱은 3과 9만을 반복할 뿐, 1이 나오지 않는다.

가지 수를 맡아 조사했다.

 예상처럼 소수와는 달랐다. 제일 눈에 띄는 차이점은 〈그림 20.2〉와 같이 나머지가 1이 나오지 않은 경우가 발생한다는 것이었다. 하나의 예로 mod 12에서 3의 거듭제곱을 12로 나눈 나머지는 3과 9를 반복할 뿐 결코 나머지가 1이 생성될 수 없는 구조다.

 "서로소야!"

 뚫어지게 〈표 20.1〉을 살펴보던 진호가 외친 한마디였다. 앞서 합동식의 나눗셈이 성립하지 않은 경우를 살폈던 경험이 큰 힘이 된 것이다. 비슷한 맥락이 여기에서도 적용되어 주어진 수와 서로소인 수의 거듭제곱에서만 나머지가 1이 도출되고 있음을 찾아낸 것이다. 가령 12와 서로소인 5, 7, 11은 거듭제곱을 통해 12로 나눈 나머지가 1이 나오지만, 그렇지 않은 수 2나 3 등은 아무리 거듭제곱을 행해도 나머지가 1이 튀어나오지 못했다. 마찬가지로 mod 15와 mod 21에서도 15와 21의 서로소인 수들에 대해서만 거듭제곱에서 나머지가 1이 나오는 것이다.

mod 12에서 12와 서로소인 5, 7, 11만이
거듭제곱에서 나머지가 1이 나온다.

"진호의 말이 맞는 것 같아. 왜 그런지 아직 이유는 모르겠지만."

또 한 가지 특이한 점은 나머지가 1이 나오는 경우에서 거듭제곱의 횟수가 아까와는 달랐다는 사실이다. '페르마의 소정리'의 결과로 보면 mod 12에서는 11번의 거듭제곱, mod 15에서는 14번의 거듭제곱, mod 21에서는 20번의 거듭제곱에서 나머지가 1이 나와야 하는데 전혀 그렇지 않았다.

합성수에서는 페르마의 소정리가 성립되지 않는다?

진호는 지금까지의 정보를 되새김질하기 시작했다. 비록 앞 장의 결과와 달라 해석의 어려움은 있지만, 서로소와 밀접한 관계가 있다는 추측은 할 수 있었다. 〈표 20.1〉의 결과는 중요한 어떤 실체를 주기 위해 자신에게 손을 내민 것 같았다. 아직 그 실체가 보일 듯, 보이지는 않았다. 진호는 초조함과 안타까움에 자리에서 일어나 방안을 서성거리기 시작했다. 어떻게 지금까지 얻은 정보와 연결할 것인가? 진호는 자신이 계산한 메모, 민준과 진희가 끼적이며 계산한 모든 종이를 꼼꼼히 살펴보며 생각에 잠겼다.

21

서로소가 지닌 의미

"서로소가 아닌 수들이 왜 나머지가 1이 나올 수 없는지, 나 그 이유를 알 것 같아."

잠시 심호흡을 하며 재차 생각을 정리한 진호가 말을 이어 나갔다.

"21과 서로소의 관계가 아닌 3의 거듭제곱에서 왜 21로 나눈 나머지가 1이 나올 수 없는지 설명해볼게. 3을 21로 나눈 나머지가 3인 것은 당연해. 그런데 3을 거듭제곱 해봐. 항상 3의 배수야. 그런데 21도 3의 배수이다 보니 21로 나눈 나머지 역시 3의 배수가 되리란 것은 너무도 자명하지 않을까?"

진희가 멀뚱멀뚱한 표정으로 오빠를 쳐다보자 진호는 그림을 곁들여 설명을 이어 나갔다.

"그러니까 이렇다는 거야. 3을 m번 거듭제곱한 3^m을 21로 나눈 경우 몫과 나머지가 있겠지. 이때 좌변의 3^m은 분명 3의 배수이니까 우변도 3의 배수가 나와야 할 거야.(그림 21.1의 ①) 그런데 우변에서 몫이 무엇이

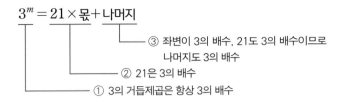

$$3^m = 21 \times 몫 + 나머지$$

③ 좌변이 3의 배수, 21도 3의 배수이므로
   나머지도 3의 배수

② 21은 3의 배수

① 3의 거듭제곱은 항상 3의 배수

그림 21.1 3^m(m은 자연수)을 21로 나눈 경우

건 21은 3의 배수이니까 3의 배수가 될 수밖에 없어.(그림 21.1의 ②) 그럼 나머지는 어떻게 되어야겠어? 3의 배수가 나와야겠지!(그림 21.1의 ③) 그러기에 나머지가 절대 1이 나올 수 없어."

"그렇구나." 진희가 이해가 되었는지 박수를 치며 좋아했다.

21과 서로소의 관계가 아닌 3의 거듭제곱을
21로 나눈 나머지는 1이 될 수 없다.

진호는 아래와 같은 또 다른 표를 하나 작성해 나갔다.

12와 서로소	1, 5, 7, 11	4개
15와 서로소	1, 2, 4, 7, 8, 11, 13, 14	8개
21과 서로소	1, 2, 4, 5, 8, 10, 11, 13, 16, 17, 19, 20	12개

표 21.2 12, 15, 21과 서로소의 관계에 놓인 수

"〈표 21.2〉에서 보면 12와 서로소인 수의 개수는 4개, 15는 8개, 21은 총 12개야. 이것과 〈표 20.1〉을 비교해봐. 가령 21의 경우 21과 서로소인

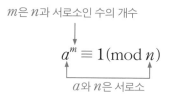

m은 n과 서로소인 수의 개수

$$a^m \equiv 1 \pmod{n}$$

a와 n은 서로소

그림 21.3 확장된 페르마의 소정리로 오일러 정리로 알려져 있다. ((부록 8) 오일러 정리의 증명)

수를 서로소의 개수만큼 거듭제곱한 수는 21로 나눈 나머지가 항상 1이야."

$$2^6 \equiv 2^{12} \equiv 1 \pmod{21}$$
$$4^3 \equiv 4^6 \equiv 4^9 \equiv 4^{12} \equiv 1 \pmod{21}$$
$$5^6 \equiv 5^{12} \equiv 1 \pmod{21}$$

"그렇구나! 소수 n보다 작은 수는 모두 n과 서로소이니까 n과 서로소인 수의 개수는 $(n-1)$이었어. 결국, 이 사실을 모든 수로 확장하면 이렇게 정리할 수 있어. 주어진 수 n이 소수이건 합성수이건 **n과 서로소인 수의 개수 m만큼 거듭제곱한 수는 n으로 나눈 나머지가 1이 나오게 된다**는 것이야."
(그림 21.3)

"그래, 맞아!"

진호는 자신이 놀라운 사실을 밝혀낸 것 같아 기쁨에 들떠 흥분했다.

민준은 생각 외로 뛰어난 직감을 발휘해 문제를 해결하는 진호를 보고 놀라워했다. 진호는 문제를 차분하게 따져 패턴을 가지고 유추해 해결하는 능력이 뛰어났다.

"진호야, 그렇다면 n과 서로소인 수 a를 n과 서로소인 수의 개수 m만큼 거듭제곱한 수, a^m을 n으로 나눈 나머지는 항상 1이니까, n과 서로소인 수의 개수 m을 계산해내는 방법이 있으면 간단하게 모든 것을 정리할 수 있겠네."

n과 서로소인 수 a를 n과 서로소인 수의 개수 m만큼 거듭제곱한 수 a^m은 n으로 나눈 나머지가 1이다.

"응, 이제부터 그것을 알아내야겠어. 어? 진희 넌 왜 조용하냐?"

"나는 그냥 보고만 있을게."

진희는 잠자코 오빠들이 하는 과정을 지켜보고 있었다. 내용이 진화할수록 이해도 힘들고 자신의 힘으로 생각을 발전시키기에도 벅찼기 때문이다.

4.1 ☆

다음 물음에 답하라.

(1) 8을 11로 나눈 나머지는 8이고, 8^2은 64이므로 8^2을 11로 나눈 나머지는 9이다. 이를 합동식으로 표현하면 '$8^2 = 64 \equiv 9 \pmod{11}$'이다. 8^4과 8^8을 11로 나눈 나머지를 합동식으로 나타내라.

(2) 페르마의 소정리에 따르면 '$8^{10} \equiv 1 \pmod{11}$'이다. 이를 확인하라.

(3) 8^{1999}을 11로 나눈 나머지를 구하라.

4.2 ☆☆

"내가 오늘 여기 올 때 1729라는 상당히 따분한 번호판을 단 택시를 탔어."(하디 교수)

"아닙니다, 아주 재미있는 숫자인데요. 그것은 숫자 두 개를 세제 곱해서 더한 값으로 나타내는 방법이 두 가지인 수 중에서 가장 작은 수입니다."(라마누잔)

$$1729 = 12^3 + 1^3 = 10^3 + 9^3$$

위의 대화는 영화 〈무한대를 본 남자〉에서 실존인물인 하디 교수와 인도의 천재 수학자 라마누잔이 나눈 대화의 일부이다. 가우스나 오일러와 비교하면 덜 알려진 인물이지만 라마누잔(1887~1920)은 수리분석, 정수론, 무한급수 등 설명조차 어려운 3,900개의 수학 공식과 이론을 증명하며 '제2의 뉴턴'이라 칭송받은 천재 수학자다.

아무리 천재라 하지만 라마누잔은 어떻게 이런 계산을 평범한 대화중에 할 수 있었을까? 라마누잔의 머릿속에 신비한 계산기라도 들어 있었던 것일까? 대화를 나눈 하디 역시 놀라워하며 네제곱의 경우는 어떤 수가 있겠냐고 질문했다. 라마누잔은 생각에 잠긴 후 존재한다면 굉장히 큰 수가 될 것이라고 하며 바로 찾지는 못했다. (여기에 해당하는 수는 1761년 이미 오일러가 발견하였다. 635318657＝

$133^4 + 134^4 = 59^4 + 158^4$)

(1) 1729와 같이 3제곱수 두 개의 합으로 나타내는 방법이 두 가지
인 수를 택시 수라고 부른다. 4104의 수도 그 예에 해당한다.

$$4104 = 2^3 + 16^3 = 9^3 + 15^3$$

13432도 택시 수에 해당한다. 자신이 라마누잔이라고 생각하며
13432에 대한 두 쌍의 세제곱의 합의 수를 찾아내라.

(2) 라마누잔의 이런 천재적 계산이 가능했던 이유는 아마도 그가
수들의 속성을 깊이 이해하며 자연스레 수들과 일체가 되었기
때문일 것이다. 비록 그것이 무엇인지 알 길이 없지만 수들과 친
해지다 보면 조금은 가능해지지 않을까? 그런 의미에서 다른 사
례인 다음 문제를 풀어보자.

  미국의 수학자이자 소프트웨어 엔지니어인 마이클 키스가 제
안한 문제이다. n자리의 수가 n번째 소수로 나누어떨어지는 수
를 찾는 문제다. 가령 6300846559인 열 자리의 수에서 맨 앞의 6

은 첫 번째 소수 2로 나눠지고, 앞의 두 자리의 수 63은 두 번째 소수인 3, 세 자리의 수 630은 세 번째 소수인 5로 나눠지는 방식 으로 6300846559는 열 번째 소수인 29로 나눠지는 수이다.

순서	수	소수	몫
1	6	2	3
2	63	3	21
3	630	5	126
4	6300	7	900
5	63008	11	5728
6	630084	13	48468
7	6300846	17	370638
8	63008465	19	3316235
9	630084655	23	27394985
10	6300846559	29	217270571

이런 수로 맨 앞자리가 8부터 시작하는 열 자릿수가 하나 더 존 재한다. 무슨 수일까?

5장

마침내 해독된 암호문

비대칭 암호의 대표, RSA 암호

1999년 7월 전자서명법이 제정됨에 따라 시간과 장소의 구애를 받지 않고 스마트폰과 컴퓨터로 금전을 송금할 수 있는 인터넷 뱅킹이 첫 시작을 뗐다. 인터넷 뱅킹과 함께 보안상의 문제를 해결하기 위해 도입된 것이 공인인증서다. 하지만 보안상의 목적으로 도입된 공인인증서에서 금전적 손실을 일으킬 수 있는 허점이 드러나 최근 뭇매를 맞고 있다.

사실 공인인증서의 암호화 알고리즘은 본문에서 다루는 RSA 방식과 같이 비대칭형 알고리즘을 채택하고 있어 거의 안전한 암호라 할 수 있다. 위험성은 해킹기법의 비약적인 발전으로 각종 명의도용이나 비밀번호 유출 등에 따른 안전상의 위험이지 암호화된 비밀번호를 해독하여 생기는 문제는 아니다. RSA 암호는 소수로 소인수분해하는 방식으로 개발된 알고리즘으로 누구나 할 수 있는 소인수분해에 기반을 둔 방식임에도 과연 안전한 것인가?

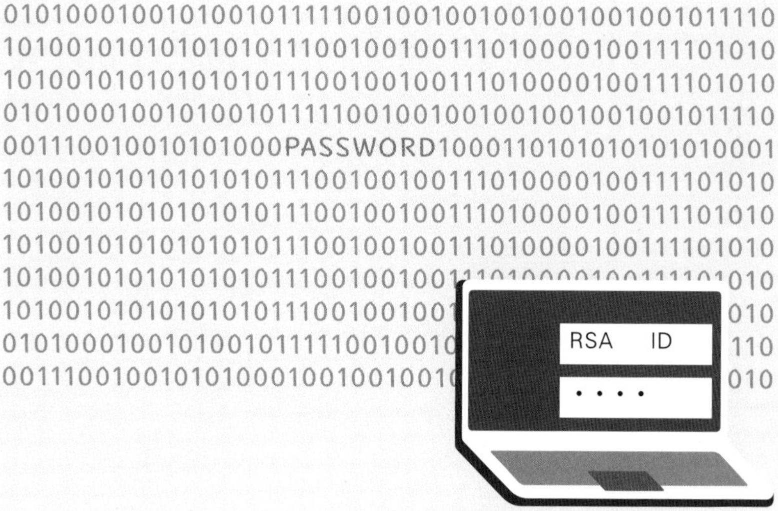
PASSWORD
RSA ID

22

포함배제의 원리

"21은 3과 7의 곱이니까 21보다 작은 수 중 3의 배수와 7의 배수를 제외하고 남은 수가 21과 서로소인 수가 되지 않겠어?"

진호의 말에 민준이 동의하며 말했다.

"먼저 3과 7의 배수의 개수를 찾아보자. 21 이하에서 3의 배수의 개수는 21을 3으로 나누면 7이니까 7개가 있어. 또 7의 배수는 21을 7로 나눈 몫이 3이니까 3개가 있어. 따라서 3과 7의 배수를 10개로 보면 되겠는데……. 여기서 주의해야 할 점이 있어."

$$\left. \begin{array}{l} 21 \div 3 = 7 \\ 21 \div 7 = 3 \end{array} \right\} \Longrightarrow 7 + 3 = 10(?)$$

이야기를 하던 민준이 슬쩍 진희를 쳐다봤다. 이어서 초등학생 진희를 위해 다시 설명을 해나갔다.

"여기서 3과 7의 배수의 개수를 10개로 보면 안 돼. 왜냐하면 〈표 22.1〉

에서 볼 수 있듯이 21까지의 수에서 3의 배수와 7의 배수에 공통으로 들어가는 수, 21이 존재하잖아. 그래서 10개라고 보면 21을 두 번 더한 셈이 되니까, 여기서 하나를 뺀 총 9개가 3과 7의 배수의 개수가 되겠지."

3의 배수	3, 6, 9, 12, 15, 18, 21로 총 7개
7의 배수	7, 14, 21로 총 3개

21과 서로소인 수 (3과 7의 배수 제외)

1, 2, 4, 5, 8, 10, 11,
13, 16, 17, 19, 20

표 22.1   21과 서로소인 수들은 21−(7+3)+1=12개

진희는 이해가 안 되었는지 고개를 갸웃거렸다. 그것을 본 민준이 다른 사례를 들었다.

"12 이하의 수에서 2와 3의 배수를 제외한 수는 모두 몇 개인지 구해볼래?"

민준의 말에 진희는 펜을 들었지만 자신 없는 모양새였다. 한참 망설이던 진희가 약간은 다른 방식으로 풀어가기 시작했다.(그림 22.2)

진희가 어색한 웃음을 지으며 민준을 쳐다봤다.

"잘했네."

"잘하긴? 12가 아니고 1200이면 어쩔 거야?"

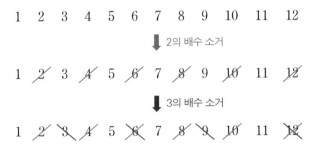

그림 22.2   2와 3의 배수 소거로 12와 서로소인 수 구하기

진호의 핀잔에 진희는 약이 올랐다.

"오빠가 지난번에 에라토스테네스의 체에 대해 설명해준 적이 있잖아. 그것을 떠올려서 풀었고, 틀리지 않는데 뭘?"

"아주 잘했어, 진희야."

민준은 진희가 푼 과정에 대해 상당히 만족해했다.

"그런데 네가 한 것 중에 6, 12는 두 번 지운 격이잖아?"(그림 22.2)

"응, 2의 배수에서 지워졌는데 3의 배수에서도 지워지더라고."

"바로 그거야. 12 이하의 수에서 2의 배수는 몇 개야?"

진희는 자신이 푼 〈그림 22.2〉를 보며 답했다.

"총 6개야."

"그렇지. 3의 배수는?"

진희가 약간 망설이며 대답했다.

"12를 3으로 나누면…… 4."

계산은 아무것도 아니었다. 하지만 진희는 왠지 찜찜한 느낌에 자신감이 떨어져 머뭇거렸다.

"이제 12와 서로소인 수의 개수를 구하기 위해서는 2와 3의 배수의 개수를 빼주면 되겠네. 네가 구했지만 2와 3의 배수는 각각 6개와 4개이니까 12에서 6과 4를 빼면 2가 되겠구나."

"안 되는데……."

진희가 약간 울상을 짓듯이 말하자 민준은 의아한 표정으로 진희를 봤다. 그러나 얼굴에는 미소가 담겨 있었다.

"6과 12는 이미 2의 배수에서 뺐으니까 그렇게 하면 2를 더 빼준 격이잖아."

"그래. 정확히 봤어. 2의 배수와 3의 배수를 12에서 빼주는 과정에서 6과 12는 두 번 빼준 격이야. 왜 이런 일이 발생할까?"

"그야 6, 12는 2의 배수도 되고 3의 배수도 되기 때문이야."

"맞아. 6, 12는 바로 2와 3의 공배수에 해당하다 보니 6과 12를 두 번 빼준 격이 되었어. 그렇기 때문에 6의 배수의 개수인 2를 반대로 더해줘야 하는 거야."

12와 서로소인 수의 개수 $12-(6+4)+2=4$

공통으로 들어간 수에 대한 정보를 다시 보충해주는
원리가 포함배제의 원리이다.

"아~~ 이제 좀 알 것 같아. 내가 다른 수에 대해서도 직접 구해볼게."
진희가 자신감 넘치게 말했다.((부록 9) 포함배제의 원리)

15와 서로소인 수의 개수 구하기	18과 서로소인 수의 개수 구하기
$\dfrac{15}{3}=5$는 3의 배수의 개수	$\dfrac{18}{2}=9$는 2의 배수의 개수
$\dfrac{15}{5}=3$은 5의 배수의 개수	$\dfrac{18}{3}=6$은 3의 배수의 개수
$\dfrac{15}{15}=1$은 15의 배수의 개수	$\dfrac{18}{6}=3$은 6의 배수의 개수
서로소의 개수 15-(5+3)+1=8개	서로소의 개수 18-(9+6)+3=6개

↓

15와 서로소인 수 8개	18과 서로소인 수 6개
1, 2, 4, 7, 8, 11, 13, 14	1, 5, 7, 11, 13, 17

표 22.3 15, 18과 서로소인 수의 개수 구하기

23

오일러 피 함수

갑자기 진호가 어처구니없다는 표정으로 말을 꺼냈다.

"그런데 우리 공개키 암호방법을 알려고 하다가 지금 뭐 하고 있는 거지?"

민준 역시 시간을 거슬러 가보니 공개키 암호를 풀다가 합동식의 매력에 빠져 열띤 토론을 벌이다 삼천포로 빠진 것 같은 기분이 들었다. 둘은 공개키 암호 알고리즘(표 15.1)을 다시 들여다보았다. 다행히 크게 벗어나 논의를 해온 것 같지는 않았다. 오히려 지금까지의 논의가 도움이 될 수 있겠다는 생각도 들었다.

공개키 암호에서 모르는 것은 $\phi(n)$뿐이었다. $\phi(n)$이 무엇을 표현한 것일까? 분명 어떤 것을 대신해 표현한 것이리라. 이것은 자료를 찾아봐야만 알 수 있는 내용이었다. 두 사람은 인터넷을 통해 $\phi(n)$의 정체를 알아냈다. 바로 1부터 n까지의 자연수 중에서 n과 서로소인 것의 개수를 나타내는 함수로 **오일러 피($\phi(n)$) 함수**라 부르고 있었다. 놀랍게도 지금까지 해왔던 일이 아닌가! 둘은 약속이라도 한 듯 서로 하이파이브를 하면서 너무도 즐거워했다. 또 한 명의 파트너인 진희를 보니 웬걸, 옆에서 어느덧 새우잠을 자고 있었다.

'진희한테는 내용이 어려웠나? 그래도 그동안 진짜 잘해왔어.'

진호는 동생이 대견스러웠다.

오일러 피 함수 $\phi(n)$은 n과 서로소인 수의 개수이다.

진호와 민준은 $\phi(n)$의 의미를 알게 되었지만, 그들 앞에 모습을 드러낸 $\phi(n)$의 계산 과정은 또다시 처음 보는 기호로 가득 차 있었다.

$\phi(n)$의 계산법

---

n을 소인수분해한 것이 다음과 같을 때,

$$n = \prod_{i=1}^{r} p_i^{e_i} \text{ (단, } p_i \text{는 서로 다른 소수이다)} \tag{23.1 a}$$

$\phi(n)$은 다음과 같다.

$$\phi(n) = \prod_{i=1}^{r} \left(1 - \frac{1}{p_i}\right) \tag{23.1 b}$$

표 23.1 오일러 피 함수

"민준아, $\prod$ 기호가 뭐냐?"

"나도 처음 보는데?"

$\prod$와 같은 모양도 그렇지만 위와 아래에 쓰인 $i=1$과 r은 괴기스럽기까

지 했다. 둘은 또다시 알 수 없는 수학 기호의 암호 해독에 매달리게 될 것을 알았다. 이제는 오히려 이러한 난관을 즐거이 여기고 있었다.

"소인수분해란 것이 혹시 우리가 알고 있는 것과 다른 걸까?"

민준의 말에 진호는 고개를 좌우로 흔들면서 말했다.

"에이, 설마. 그렇지는 않겠지."

"그렇다고 하면 〈식 23.1 a〉는 n을 소인수분해하였다고 하니까 소수들의 곱의 모양을 표현한 것이어야 하잖아?"

진호의 말에 잠시 생각한 민준은 직접 시도해보자고 제안했다.

"그래, 12를 소인수분해한 것과 비교해보자."

$$12 = 2^2 \times 3 \tag{23.2}$$

뚫어지게 소인수분해된 식들을 살피던 진호가 먼저 말을 꺼냈다.

"p_i가 소수라고 한 점에서 보면 p_i는 2와 3, e_i는 2와 1이 되어야 하는데……."

"p_i가 2도 되고, 3이 되는 것은 이상하잖아. 보통 문자 하나에 하나의 수만 대입하지."

민준의 말에 진호가 고개를 끄덕였다.

"그러면 어떻게 해야 할까?"

한참을 말없이 오일러 피 함수를 뚫어지게 쳐다보던 민준이 수식의 의미를 깨달았는지 갑자기 무릎을 치며 앞에 놓인 종이에 거침없이 식을 하나 적어놓았다.

$$n = p_1^{e_1} \times p_2^{e_2} \times p_3^{e_3} \times \cdots \tag{23.3}$$

"$p_1=2$, $e_1=2$, $p_2=3$, $e_2=1$, 그리고 p_3와 e_3 이상은 모두 1로 놓고 〈식 23.3〉에 대입해봐. 12를 소인수분해한 〈식 23.2〉가 바로 나오잖아."

홍분하며 말하는 민준의 설명이 진호는 바로 이해가 되지 않았다. 민준은 몇 가지 사례를 비교하면서 보기 좋게 적어놓았다.

소인수분해의 예	〈식 24.3〉 $n = p_1{}^{e_1} \times p_2{}^{e_2} \times p_3{}^{e_3} \times \cdots$과의 비교		
$150 = 2 \times 3 \times 5^2$	$n=150$	$p_1=2, e_1=1$ / $p_2=3, e_2=1$ / $p_3=5, e_3=2$	
$360 = 2^3 \times 3^2 \times 5$	$n=360$	$p_1=2, e_1=3$ / $p_2=3, e_2=2$ / $p_3=5, e_3=1$	
$5775 = 3 \times 5^2 \times 7 \times 11$	$n=5775$	$p_1=3, e_1=1$ / $p_2=5, e_2=2$ / $p_3=7, e_3=1$ / $p_4=11, e_4=1$	

표 23.4 150, 360, 5775의 세 수에 대한 인수분해와 〈식 23.3〉과의 비교

민준이 적은 수식은 꽤 멋지게 보였다. 분명 모든 소인수분해는 위의 수식의 꼴로 표현될 것이다.

"〈식 23.1 a〉의 $n = \prod_{i=1}^{r} p_i{}^{e_i}$에서 p나 지수 e 모두 아래첨자로 i를 사용하고 있어. 여러 수들을 문자로 표현할 때 첨자로 표현하는 것을 본 적이 있었거든. 하하. 그리고 $\prod$는 곱을 뜻하는 것 같아."

"응, 내 생각에도 네 말이 맞는 것 같아."

"그렇지? 아마 $\prod$의 위에 적혀 있는 r이 소수의 개수를 뜻하는 것으로 보여. $r=2$는 소수의 개수가 두 개, $r=3$이면 세 개의 소수로 구성되어 있다는 것을 의미한다면 말이야."

$$n = \prod_{i=1}^{2} p_i^{e_i} = \underbrace{p_1^{e_1}}_{i=1} \times \underbrace{p_2^{e_2}}_{i=2},$$

$$n = \prod_{i=1}^{3} p_i^{e_i} = \underbrace{p_1^{e_1}}_{i=1} \times \underbrace{p_2^{e_2}}_{i=2} \times \underbrace{p_3^{e_3}}_{i=3}$$

기호 $\prod_{i=1}^{r}$ 은 $i=1$에서 $i=r$까지 변화시켜 얻은 값들의 곱을 뜻한다.

진호는 멋지게 수식을 바꾼 것을 보고 자기도 모르게 박수를 치기 시작했다. 왜냐하면 자연스레 오일러 함수의 식도 파악했고, 암호문 해석에 가까워져 간다는 기대도 쌓였기 때문이다.

24
생각을 담은 수식

어느덧 시간은 저녁 아홉 시가 지나 있었다. 민준은 집으로 돌아가고, 진호는 자기 방에서 다시 종이와 연필을 들었다.

'서로소의 개수를 구하는 식이 왜 〈식 23.1 b〉와 같은 꼴이 될까?'

진호의 머릿속에 아직 풀지 못한 수식이 맴돌고 있었다.

진호가 몇 개의 수에 대해 확인해보니 확실히 〈식 23.1 b〉는 어떤 수가 되었건 그 수에 대한 서로소의 개수를 정확히 도출해냈다.(표 24.1) 그렇다는 것은 굳이 집합의 원소의 개수를 구했을 때의 방법을 통해(22장의 '포함배제의 원리' 내용 참조) 구할 이유가 없어 보였다.

소인수분해	$\phi(n)=n\prod_{i=1}^{r}\left(1-\dfrac{1}{p_i}\right)$	서로소
$12=2^2\times3$	$\phi(12)=12\left(1-\dfrac{1}{2}\right)\left(1-\dfrac{1}{3}\right)$ $=12\cdot\dfrac{1}{2}\cdot\dfrac{2}{3}=4$	1, 5, 7, 11
$150=2\times3$ $\times5^2$	$\phi(12)=150\left(1-\dfrac{1}{2}\right)\left(1-\dfrac{1}{3}\right)\left(1-\dfrac{1}{5}\right)$ $=150\cdot\dfrac{1}{2}\cdot\dfrac{2}{3}\cdot\dfrac{4}{5}=40$	1, 7, 11, 13, 17, 19, 23, 29 31, 37, 41, 43, 47, 49, 53, 59 61, 67, 71, 73, 77, 79, 83, 89 91, 97, 101, 103, 107, 109, 113, 119 121, 127, 131, 133, 137, 139, 143, 149

표 24.1 12, 150과 서로소인 수

몇 개의 수에 대해 비교해보았을까? 자꾸 하다 보니 그 속에 숨어 있는 비밀이 양파 껍질 벗겨지듯 진호에게 속살을 드러내기 시작했다.

'두 개의 소수로 구성된 $12=2^2\times3$에 대해 살펴보자.'

진호는 다소 흥분하기 시작했다. 아드레날린이 그의 온몸을 휘감았다. 자신이 파악했던 포함배제의 원리를 이용하면 12와 서로소인 수의 개수는 아래의 식으로 나타낼 수 있었다.

12−(2의 배수의 개수)−(3의 배수의 개수)+(2와 3의 공배수의 개수)
$=12-6-4+2=4$

'오일러의 식을 전개하면 어떻게 될까?'

$$\phi(12)=12\prod_{i=1}^{2}\left(1-\dfrac{1}{p_i}\right)=12\left(1-\dfrac{1}{2}\right)\left(1-\dfrac{1}{3}\right)$$
$$=12\left(1-\dfrac{1}{2}-\dfrac{1}{3}+\dfrac{1}{6}\right)=12-6-4+2=4$$

두 개의 방법에서 똑같이 $12-6-4+2$라는 식이 튀어나왔다. 그 순간 섬광전구처럼 아이디어가 진호의 머릿속을 밝게 비추었다. 다음과 같은 전개식이 생각난 것이다.

$$(1-a)(1-b)=1-a-b+ab$$

위의 전개식은 가장 기본적인 곱셈공식의 하나였다. 저 수식을 바탕으로 오일러의 식을 다음과 같이 바꾸면 어떻게 될 것인가?

$$n\Big(1-\frac{1}{p_1}\Big)\Big(1-\frac{1}{p_2}\Big)=n\Big(1-\frac{1}{p_1}-\frac{1}{p_2}+\frac{1}{p_1 p_2}\Big)$$
$$=n-\frac{n}{p_1}-\frac{n}{p_2}+\frac{n}{p_1 p_2}$$

$n=12$에서 $n=2^2 \times 3$이므로 $p_1=2, p_2=3$이 될 것이다. 이때 위의 식에서 $\frac{n}{p_1}=\frac{12}{2}$란 것은 곧 2의 배수의 개수, $\frac{n}{p_2}=\frac{12}{3}$는 3의 배수의 개수, $\frac{n}{p_1 p_2}=\frac{12}{2 \times 3}$는 2와 3의 공배수의 개수가 될 것이었다. 즉, 포함배제의 원리와 일맥상통하였다.

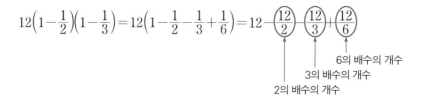

$$12\Big(1-\frac{1}{2}\Big)\Big(1-\frac{1}{3}\Big)=12\Big(1-\frac{1}{2}-\frac{1}{3}+\frac{1}{6}\Big)=12-\boxed{\frac{12}{2}}-\boxed{\frac{12}{3}}+\boxed{\frac{12}{6}}$$

6의 배수의 개수
3의 배수의 개수
2의 배수의 개수

그림 24.2 '오일러의 피 함수'와 '포함배제의 원리'와의 관계

세 개의 소수로 구성된 수도 역시 포함배제의 원리를 그대로 담고 있을 것이 틀림없었다.

$$n\left(1-\frac{1}{p_1}\right)\left(1-\frac{1}{p_2}\right)\left(1-\frac{1}{p_3}\right)$$

$$=n\left(1-\frac{1}{p_1}-\frac{1}{p_2}-\frac{1}{p_3}+\frac{1}{p_1p_2}+\frac{1}{p_2p_3}+\frac{1}{p_3p_1}-\frac{1}{p_1p_2p_3}\right)$$

$$=n-\frac{n}{p_1}-\frac{n}{p_2}-\frac{n}{p_3}+\frac{n}{p_1p_2}+\frac{n}{p_2p_3}+\frac{n}{p_3p_1}-\frac{n}{p_1p_2p_3}$$

$\dfrac{n}{p_i}$의 꼴:　　p_i의 배수의 개수($i=1,2,3$)

$\dfrac{n}{p_ip_j}$의 꼴:　　p_ip_j의 배수의 개수($i,j=1,2,3,i\neq j$)

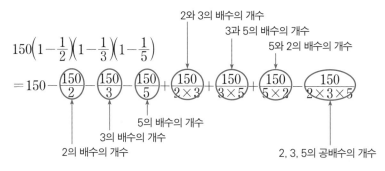

$\dfrac{n}{p_1p_2p_3}$의 꼴: $p_1p_2p_3$의 공배수의 개수

　　이 결과로 진호는 소수 4개이건 그 이상의 소수로 구성된 수이건 오일러 식으로 서로소의 개수가 나올 수 있게 된 과정을 완벽히 이해했다. 오일러 식은 포함배제의 원리를 이용해서 서로소의 개수를 구하는 방법을 아주 깔끔하게 표현한 식이었다. 서로 동치의 관계인 것이다.

오일러 피 함수는 포함배제의 원리를 깔끔하게 식으로 표현한 것이다.

25

공개키 암호 제작

　다음 날 진호는 민준에게 자신이 밝혀낸 사실을 자세히 이야기했다. 빠르게 발전하고 있는 진호를 보며 민준은 다시 놀라워했다. 민준이 말했다.

　"정말 신기해. 우리가 어떻게 여기까지 올 수 있었을까. 얼마 전까지는 꿈에도 생각 못 할 일이었어. 다 네 덕인 것 같아. 늘 시키는 대로 공부하던 나였는데 이제는 수학 공부가 게임이나 놀이 같아. 이런 세계가 있었나 할 정도로 완전히 색다른 경험을 하고 있어."

　"나 역시 이번에 수학을 다시 생각하게 되었어. 너 아니었으면 유물을 전해 받고 아마 한 발짝도 진전시키지 못했을걸."

　암호문 해석이 눈앞에 다가오고 있음을 직감한 이들은 마음이 분주해졌다. 두 사람은 부리나케 공개키 암호 알고리즘을 다시 펼쳐보았다. 〈표 15.1〉에 적힌 수학의 기호가 무엇을 의미하고 있는지는 완벽히 파악이 된 상태였다. 이제는 차분히 지금까지 얻어낸 정보를 곱씹으면서 알고리즘에 따라 진행하면서 그 속에 숨은 더 깊은 의미를 파악하려고 노력했다.

먼저 두 소수 p와 q를 곱한 수 n을 공개한다는 것이 첫 번째였다. 물론 p와 q의 선택은 암호를 만드는 사람의 선택사항일 것이다. 너무 큰 수를 고르면 복잡해져서 파악이 용이하지 않을 것이다. 그들은 일단 작은 소수로 $p=7$, $q=13$을 택해 $n=91$을 만들었다. 이로써 공개키 알고리즘의 〈표 15.1〉의 ①과 ②를 진행한 셈이다. ③을 실행하기 위해서는 $n=91$과 서로소인 수의 개수 $\phi(91)$을 구하는 것이다. 오일러의 피 함수의 〈식 23.1 b〉에 대입만 하면 바로 얻어지게 된다.(그림 25.1)

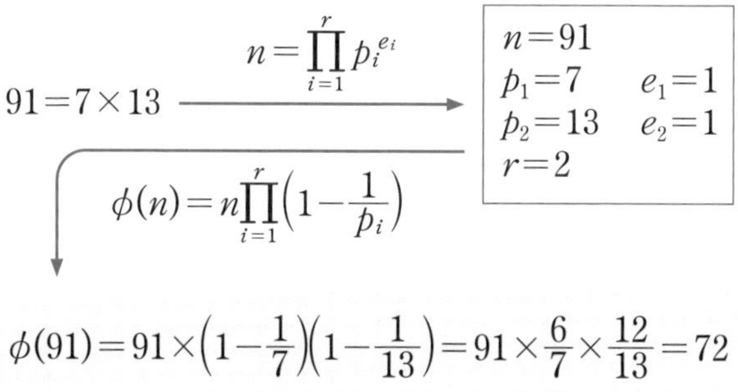

$$91 = 7 \times 13 \xrightarrow{\quad n = \prod_{i=1}^{r} p_i^{e_i} \quad} \boxed{\begin{array}{ll} n=91 & \\ p_1=7 & e_1=1 \\ p_2=13 & e_2=1 \\ r=2 & \end{array}}$$

$$\phi(n) = n \prod_{i=1}^{r} \left(1 - \frac{1}{p_i}\right)$$

$$\phi(91) = 91 \times \left(1 - \frac{1}{7}\right)\left(1 - \frac{1}{13}\right) = 91 \times \frac{6}{7} \times \frac{12}{13} = 72$$

그림 25.1 91과 서로소인 수의 개수를 오일러 피 함수로 구한 과정

91과 서로소인 수의 개수가 $\phi(91)=72$임을 계산한 그들은 알고리즘 ③의 단계로 넘어갔다.

③ 단계: $\gcd(e, \phi(91)) = \gcd(e, 72) = 1$

e는 72와 최대공약수가 1이 되는, 다시 말하면 72와 서로소가 되는 수이다. 이때 민준이 잠시 멈칫했다. 왜냐하면 72와 서로소인 수의 개수는

$\phi(72)=24$이므로 24개의 서로소 중에서 무엇을 선택해야 할지 아리송했기 때문이다.

72와 서로소인 수의 개수

$72=2^3 \times 3^2$이므로 $\phi(12)=72\left(1-\dfrac{1}{2}\right)\left(1-\dfrac{1}{3}\right)=24$

72와 서로소인 수

$$1, 5, 7, 11, 13, 17, 19, 23, 25, 29, 31, 35,$$
$$37, 41, 43, 47, 49, 53, 55, 59, 61, 65, 67, 71 \qquad (25.2)$$

어차피 선택의 문제라 여길 수밖에 없었다. 두 사람은 e의 값으로 7을 선택했다. 그리고 마지막 ④ 단계로 넘어갔다. 아래의 식을 만족하는 비밀 키 d를 찾아내는 것이다.

$$7d \equiv 1 \, (\mathrm{mod}\, 72) \qquad (25.3)$$

72로 나눈 나머지가 1이 되기 위해서는 7에 무슨 수를 곱해야 할까? 이미 그는 앞에서 쭉 해왔기 때문에 7에 곱할 수는 72와 서로소인 수 중 하나가 되어야 함을 알고 있었다. 하지만 찾아내기가 쉽지 않아 보였다.

"〈식 25.3〉이 곱셈의 역수를 구하는 것과 유사하네."

진호가 뜬금없이 한 말이었지만 민준의 귀에는 상당히 의미심장한 말처럼 들렸다.

"그러긴 해. 하지만 달라. 합동식에서 곱셈의 항등원은 1이 확실하지만 그렇다고 $d=\dfrac{1}{7}$이 될 수는 없어. 분명 d는 〈식 25.2〉의 수들 중 하나일 거야."

"그건 알지."

하지만 합동식의 개념에서의 역수를 구하는 일은 만만한 작업이 아니었다.

합동식에서 곱셈의 역원은 어떻게 구할 것인가?

26

유클리드 호제법

다시 그들에게 새로운 난관이 찾아왔다. 사실 $7d \equiv 1 (\mathrm{mod}\ 72)$에서 d를 구하는 것은 어렵지는 않다. 24개의 서로소(식 25.2 참조) 중에서 고르는 것이라 약간 번거롭기는 해도 못 구할 것은 없다. 과정이 아름답지 못할 뿐이다. 그런데 72가 아니라면? 예를 들어 임의로 두 개의 소수 431과 617을 곱한 265927에 대한 서로소의 개수는

$$\phi(265927) = 265927 \times \left(1 - \frac{1}{431}\right)\left(1 - \frac{1}{617}\right) = 264880$$

이므로 총 264880개의 서로소에 대해 조사해야 하는 상황이 발생한다. 이건 거의 불가능한 일이다. 그렇기에 역수를 쉽게 구하는 방법을 알아내야 한다. 무엇보다 암호문에 적힌 숫자의 해독을 하기 위해서는 더욱 그렇다.

"진호야, 이런 계산에서 쉽게 답만 뽑아내는 방법이 고안되어 있지 않을까?"

"당연히 그렇겠지. 우리가 지금 하는 고민들은 이미 오래전 수학자들에

게도 닥친 문제일 테니 분명 어딘가에 해결 방안을 찾아놓았을 거야."

두 사람은 의기투합하여 인터넷으로 이 문제의 해결 방안을 검색했다. 그들이 알아낸 것이 유클리드 호제법에 의한 해법이었다.

"그래?"

고개를 갸우뚱하며 민준이 의미심장한 표정을 지었다.

"혹시 이 내용 알아?"

진호가 물었다.

"응, 최대공약수 구할 때 사용하는 방법이야. 그런데 여기에서도 적용될 줄은 몰랐네."

"어쨌든 다행이다. 네가 알고 있다고 하니까 이해하기가 훨씬 쉽겠어."

민준이 배웠던 유클리드 호제법으로 최대공약수를 구하는 방법은 이러하다. 두 수 a와 b가 있을 때$(a \geq b)$ a를 b로 나눈 나머지가 r이면 a와 b의 최대공약수는 b와 r의 최대공약수와 같다는 원리를 이용하여 최대공약수를 구하는 정리이다.(〔부록 10〕 $a = bq + r$일 때 $\gcd(a, b) = \gcd(b, r)$의 증명) 예를 들면 다음과 같다.

84와 18의 두 수가 있다. 이때 84를 18로 나눈 나머지는 12이다.

$$84 = 4 \times 18 + 12$$

그러면 84와 18의 최대공약수는 6이고, 18과 12의 최대공약수 역시 6으로 서로 같게 된다. 물론 이렇게 수가 작은 경우 직접 각 수의 약수를 구하여 해결하면 될 것이다.

하지만 36372와 7959, 두 수의 최대공약수 해결은 쉽지 않다. 소인수분해하여 각 수의 약수를 구하기가 만만하지 않기 때문이다. 이런 경우 유

클리드 호제법이 위력을 발휘한다. 일단 36372를 7959로 나눈 나머지를
구해본다.

$$36372 = 4 \times 7959 + 4536$$

이제 문제는 7959와 4536의 최대공약수를 구하는 문제로 바뀌게 된다.
물론 원래 구하고자 한 답과 동일하다. 그런데 아직도 이들 두 수가 크므
로 다시 같은 과정을 되풀이한다.

$$7959 = 1 \times 4536 + 3423$$

4536과 3423의 최대공약수를 구하는 문제로 환원되었다. 이렇게 수가
작게 될 때까지 과정을 되풀이한다.

$4536 = 1 \times 3423 + 1113$ ➡ 3423과 1113의 최대공약수 문제

$3423 = 3 \times 1113 + 84$ ➡ 1113과 84의 최대공약수 문제

$1113 = 13 \times 84 + 21$ ➡ 84와 21의 최대공약수 문제

$84 = 4 \times 21$

마지막 식에서 84와 21의 최대공약수는 21이므로 원래의 문제인
36372와 7959의 최대공약수 역시 21이다. 이와 같이 나머지를 구하면서
최대공약수를 구하는 것이다.

"놀라워."

"그렇지? 큰 수에 대해 최대공약수를 구하는 방법으로 아주 좋은 기교
야."

"맞아. 그런데 유클리드가 기원전 사람이잖아. 2천여 년 전에 이런 방법

$$\gcd(36372, 7959)$$

$$= \gcd(7959, 4536) \quad \leftarrow 36372를 7959로 나눈 나머지 4536$$

$$= \gcd(4536, 3423) \quad \leftarrow 7959를 4536으로 나눈 나머지 3423$$

$$= \gcd(3423, 1113) \quad \leftarrow 4536을 3423으로 나눈 나머지 1113$$

$$= \gcd(1113, 84) \quad \leftarrow 3423을 1113으로 나눈 나머지 84$$

$$= \gcd(84, 21) \quad \leftarrow 1113을 84로 나눈 나머지 21$$

$$= 21$$

그림 26.1 gcd(36372, 7959)를 구하는 과정

을 찾아냈다니, 너무도 놀라워."

"어쨌든 이 역의 과정으로 우리가 원했던 역수를 구할 수가 있다고 하니까 해보자고."(역수를 구하는 과정은 〔부록 11〕 합동식의 역수 구하기 참고)

27

어려운 소인수분해

5장에서 연습으로 두 친구가 택했던 공개키는 $n = 91$, $e = 7$이었고, 비밀키는 $d = 31$(〔부록 11〕 합동식의 역수(잉여역수) 구하기)이다. 이제 공개키를 이용해서 암호화하고, 암호화된 결과를 비밀키로 복호화하는 작업을 통해 원래의 수로 되돌아가는지를 확인하는 작업만 남았다. 떨리는 가슴을 진정시키고 $x = 15$를 암호화하기로 했다. 암호화는 공개키 알고리즘 첫 번째 단계(공개키 알고리즘의 〈표 15.1〉)에 해당하는 $x^e \equiv y \pmod{n}$으로 암호화하게 된다. 이 암호문 y는 15^7을 91로 나눈 나머지다. 계산이 지저분한 면은 있었지만 공개키의 마지막 단계를 앞두고 있는 민준과 진호에게는 걸림돌이 될 수 없었다. 더욱 초롱초롱한 눈으로 집중하면서 계산을 거듭했고, $y = 50$임을 알아낼 수 있었다. 평문에 해당하는 수 15는 전혀 다른 수 50으로 암호화된 것이었다.

암호화가 제대로 된 것인지 확인하기 위해서는 암호문 50에 대해 복호화 과정을 거쳐 원래의 수 15로 되돌아오는지 파악하는 과정이 필요하다.

$$15^1 \equiv 15 \, (\mathrm{mod} \, 91)$$

$$15^2 \equiv 225 \equiv 43 \, (\mathrm{mod} \, 91)$$

$$15^3 \equiv 43 \times 15 \equiv 8 \, (\mathrm{mod} \, 91)$$

$$15^4 \equiv 8 \times 15 \equiv 29 \, (\mathrm{mod} \, 91)$$

$$15^5 \equiv 29 \times 15 \equiv 71 \, (\mathrm{mod} \, 91)$$

$$15^6 \equiv 71 \times 15 \equiv 64 \, (\mathrm{mod} \, 91)$$

$$\mathbf{15^7 \equiv 64 \times 15 \equiv 50 \, (mod \, 91)}$$

표 27.1   공개키 n=91, e=15로 평문 15를 암호화하는 과정

'이런……'

x는 50^{31}을 91로 나눈 나머지다. 갑자기 한숨이 나왔다. 숫자가 커지니 계산할 엄두가 나질 않았다. 할 수 없었다.

"해보자. 이제 이것만 확인하면 되는데 이런 시련은 가볍게 넘겨야지."

두 사람은 좀 전보다 더 길고 지루한 과정을 거쳐 결과를 얻었다. 그것은 정확하게 원래의 수 x=15로의 회귀였다. 진호는 신이 났다. 비록 계산은 지저분했지만 과정에 한 치의 오차도 없자 지루한 과정에서 밀려온 짜증스러움이 어느새 기쁨으로 바뀌었다. 그때 진호가 의구심에 가득한 얼굴로 꼭 짚고 넘어가야 할 문제가 있다고 말했다.

"원래 공개키 알고리즘에 따르면 n=91, e=7은 공개키로 누구에게나 공개한다고 했어. 그런데 계산이 조금 지저분하긴 했어도 우리 손으로 비밀키를 구할 수 있었어. 이것을 어떻게 암호라 할 수 있을까?"

"그렇겠네."

공개키 알고리즘을 모두 파악한 사람에게는 비밀키를 알아내는 것이 크게 어렵지 않다고 생각한 민준은 진호가 복호화하는 동안 인터넷으로 자료를 뒤졌다. 그리고 어느 정도 의구심이 풀렸는지 목소리에 힘이 들어간 상태로 진호에게 설명을 했다.

"진호야, 그러면 이번엔 공개키로 $n=34081$, $e=17$이 주어졌을 때 비밀키는?"

"마찬가지로 하면 되겠지."

이렇게 말은 했지만 34081은 어떤 소수의 곱일까? 계산이 좀 더 복잡해졌다는 것뿐 못 할 것은 없다.

"잠시 시간을 줘."

그 말이 떨어지기 무섭게 민준이 얘기했다.

"바로 그거야. 34081 정도의 수는 어떻게 소인수분해되는지 파악하기가 어렵지? 물론 약간의 노력만 들이면 충분히 173과 197이라는 두 소수의 곱인지 알아낼 수 있어. 그리고 그것을 통해 비밀키를 알아낼 수 있을 거야. 그런데 이 수보다도 훨씬 더 큰 수이면 어떻게 될까? 가령 다음과 같은 수라면?"

그렇게 말하면서 종이 한 장에 수를 적어나가기 시작했다. 그 종이에는 129자리나 되는 엄청난 수가 적혔다. 진호는 그 수를 보고 눈이 휘둥그레질 수밖에 없었다.

$$n=114{,}381{,}625{,}757{,}888{,}867{,}669{,}235{,}779{,}976{,}146{,}612{,}010{,}218{,}296{,}$$
$$721{,}242{,}362{,}562{,}561{,}842{,}935{,}706{,}935{,}245{,}733{,}897{,}830{,}597{,}123{,}$$
$$563{,}705{,}058{,}989{,}075{,}147{,}599{,}290{,}026{,}879{,}543{,}541$$

"민준아, 이 수를 소인수분해하라고? 말도 되지 않아."

"그렇지? 그러면 이 수를 이용해 공개키를 사용하면 공개키 알고리즘을 다 알고 있더라도 비밀키를 알아낼 수 있을까?"

진호는 공개키의 놀라운 비밀을 이제야 알 수 있을 것 같았다.

"나도 공개키 암호를 공부하면서 찜찜했던 구석이 있었는데 방금 네가 가졌던 의문인 것 같아. 누구나 알고리즘에 의해 암호 및 복호가 가능한데 왜 이것을 안전한 암호라 하는 것일까? 그런데 위의 수를 공개키로 활용한다고 해봐. 소인수분해를 거쳐야 비밀키를 알아낼 수 있을 텐데 그렇게 큰 수로는 불가능할 것 같아."

수가 커질수록 소인수분해는 불가능에 가까워진다.

"맞아. 사실 앞의 수는 1977년에 어느 단체에서 100달러의 상금을 내걸고 제시했던 소인수분해 문제라고 하더군. 이 문제는 1994년에 전 세계 25개국에서 자원봉사자 600명을 모집, 작업을 부담하고 나서야 소인수분해하는 데 성공했대."

그러면서 민준이 또 한 장의 종이에 수를 적었다.

"아래의 두 수는 소수이고 이 두 소수를 곱한 값이 앞의 n의 값이야."

$$p = 32{,}769{,}132{,}993{,}266{,}709{,}549{,}961{,}988{,}170{,}834{,}461{,}413{,}177{,}642{,}$$
$$967{,}992{,}942{,}539{,}798{,}288{,}533$$

$$q = 3{,}490{,}529{,}510{,}847{,}650{,}949{,}147{,}849{,}619{,}903{,}898{,}133{,}417{,}764{,}638{,}$$
$$493{,}387{,}843{,}990{,}820{,}577$$

그저 웃음만 나왔다. 민준이 조사한 내용에 따르면 1초에 100만 번의 연산을 할 수 있는 컴퓨터를 사용해도 100자리 수의 소인수분해에 필요한 시간이 100년 정도 걸린다고 했다. 사실상 불가능하다고 말해도 되겠다.

"이미 알려진 수많은 소수 중에서 적당히 2개의 수를 골라 곱하는 것은 쉬워. 그런데 역으로 곱해서 얻어진 수가 어떤 수들로 곱해졌는지, 그러니까 소인수분해를 하는 것은 상상하기 힘들 정도로 어렵다는 것이 공개키의 핵심이야. 따라서 공개키 암호로 10만 자리, 100만 자리의 수를 사용한다면 완벽하게 안전한 방법이겠지."

"그렇겠구나. 수학의 세계가 진짜로 매우 넓고 심오한 면이 많구나. 중학생인 우리는 걸음마 수준밖에 안 되겠어. 소수 찾는 방법도 흔히 생각하는 방법으로는 불가능할 것이고, 소인수분해 알고리즘 역시 엄청난 수학적 기법이 동원되었을 거 아니야?"(소인수분해 알고리즘, 5장의 연습문제에서 확인)

"수학자들이 아직도 소수에 관한 수많은 연구를 하고 있는데 아직도 밝혀지지 않은 사실이 많아서 그렇대."

"그래?"

민준의 말에 진호는 씩 웃으면서 고개를 끄덕였다.

"소수의 개수는 무한하다는 사실은 우리가 전에 얘기했잖아."

"그렇지."

"현재까지 알려진 가장 큰 소수는 몇 자리일까?"

"흠……. 100만 자리 정도?"

"그 정도만 해도 엄청나게 큰 소수일 거야. 그런데 훨씬 더 커. $2^{82589933}$ -1이라고 하는데 자릿수만 무려 2486만 2048자리래. 한 줄에 총 100개의 숫자를 적으면 24만 8621줄이나 적어야 이 소수의 값을 다 적을 수 있어."

지금까지 찾아낸 가장 큰 소수는 $2^{82589933}-1$이다.

"우와, A4 종이에 200줄을 적을 수 있다고 해도 1000장 이상이 필요하겠어. 그런 소수는 어떻게 찾아낼 수 있었을까? 그리고 그 수가 소수라는 것은 어떻게 알 수 있을까?"

"......."

두 친구는 소수가 지닌 거대한 세계에 그저 신비롭고 경외롭다는 느낌마저 들었다. 소수는 인간이 도전하기 힘든 거대한 벽과 같은 존재처럼 느껴졌다. 소수에 관련된 미해결 문제가 아직도 많다는 사실을 알고 진호와 민준은 더더욱 소수의 특별함에 공감했다.((부록 12) 소수의 미해결 문제들)

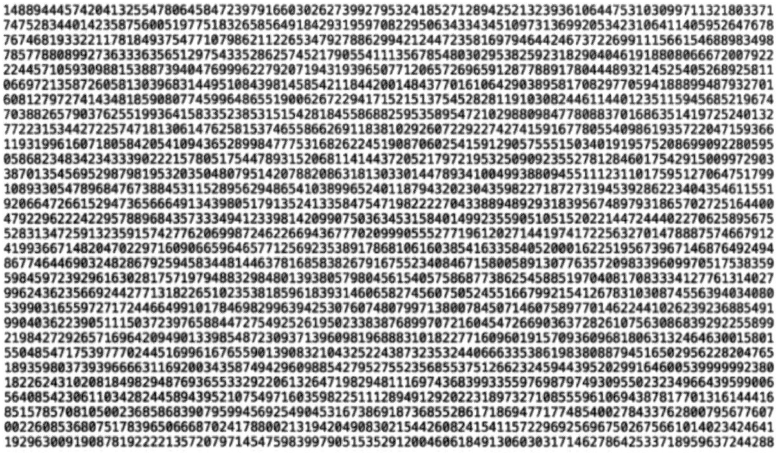

```
148894445742041325547806458472397916603026273992795324185271289425213239361064475310309971132180337174752834401423587560051977518326585649184293195970822950634334345109731369920534231064114059526476787674681933221178184937547710798621122653479278862994212441723581697946442467372269911115661546889834987857788089927363336356512975433528625745217905541113567854803029531825923182904004619188080660672007922224457105930988153887394047699996227920719431939650771206572696591287788917804448932145254052689258110669721358726058130396831449510843981458542118442001848377016106429038958170829770594188899487932701608127972741434818590807745996486551900626722941715215137545282811910308244611440123511594568521967470388265790376255199364158335238531515428184558688259535895472102988098477888370168635141972524013277223153444272547181306147625815374655866267922920747219167780554098619357220471593661193199616071805842054109436528998477753316826224519087060254159129057555150340191957520869909228059586823483423433390222157044789315206811414437205217927195320909223578128460175429150099729033870135456952987981953203504807951420788208631813033014478934100499388094551112310175951270647517991089330547896846767388453115289562948654103899652401187943202304359822718723194539286223404354611519260647266152947365666491343980517913524135847547198222270433889489293183956748979318657027251644004792296222429578968435733349412339814209990750363453158401499235590510515202214472444402270625895675528313472591323591574209987246226964367702099990555277196120271441974172256327014788875746791241993667148204702297160906659646577125692353891786810616038541633584052000162251956739671468764924948677464469032482867925945834481446378168583826791675523408467158005891307763572098339609970517538359598459723929616302817571979488329848013938057980456154057586877386254588519704081708333412776131402799624362230651115037239765884472754925261950233838768997072160454726690363728261075630868639292255821984272926571696420949013398548723093713960981968883101822771609601915709360968180631324646300158015504854717539777024451699616765590139083210432532448732532443817336186380889794516502956228204765189359803739396666311692003435874942960988542795275523568553751266232459443952029916460053999999238018226243102018498294876936553329220613264740879917738084507917937640580758910146224410226239236885491994036223905111503723797658844727549256219502338387689970721604547266903637282610756308683929225599219842729265716964209490133985487230937139609819688831018227716096019157093609681806313246463001580155048547175397770244516996167655901390832104325324487325324438173361863808897945165029562282047651893598037393966663116920034358749429609885427952755235685537512662324594439520299164600539999992380182262431020818498294876936553329220613264740879917738084507917937640580758910146224410226239236885491994036223905111503723797658844727549256219502338387689970721604547266903637282610756308683929225599
```

그림 27.2   소수 $2^{82589933}-1$ 의 앞부분

28

드디어 해독된 숫자

이제 마지막으로 풀어야 할 문제가 있다. 공개키 방식을 적용해서 봉투 안에 적힌 숫자의 암호를 해독하는 일이다.

〈7396979, 947〉 1430271

표 28.1 봉투 안에 쓰인 암호

알고리즘에 따르면 $n = 7396979$이고 공개키 $e = 947$이다. 그리고 1430271은 공개키를 이용해서 만들어진 암호화된 숫자다. 이 숫자를 원래의 수로 되돌리기 위해서는 비밀키 d를 알아야 한다. 그것을 이용해야 복호화 과정으로 원래의 수 x로 되돌릴 수 있기 때문이다.

복호화 과정 $1430271^d \equiv x \pmod{7396979}$

그런데 비밀키 d를 알아내기 위해서는 주어진 수 $n = 7396979$를 소인수분해해야 한다. 그래야 서로소의 개수 $\phi(n)$을 계산하여 주어진 수 $e=947$을 가지고 유클리드 호제법을 이용해 비밀키 d를 얻을 수 있기 때문이다. 하지만 n의 소인수분해를 이 두 친구가 해결할 수 있을까?

"공개키 암호는 소인수분해가 사실상 불가능한 수로 만들잖아. 그러면 네 선조가 물려주신 암호 해석 역시 불가능하지 않을까?"

"아까 네가 보여준 129자리의 수만 해도 우리의 능력으로는 불가능하겠지만, 다행히 암호문의 수는 7자리밖에 되지 않아. 이 정도면 우리 둘의 힘으로 해결할 수 있지 않을까?"

"7자리가 적어? 129자리보다야 훨씬 낮지만 어떻게 소인수분해할 생각인데?"

"나도 몰라."

종착점에 거의 다 왔는데 해결 방안은 전혀 없다. 사실 진호와 민준은 주어진 수를 소인수분해하는 법에 대해 인터넷으로 조사를 거쳤다. 방법은 다양하게 존재했으나 두 사람의 수학 실력으로는 엄두도 내기 힘든 난해한 내용들뿐이었다. 둘은 한참 동안 침묵의 시간을 보낼 수밖에 없었다.

"컴퓨터의 도움을 받아서 모든 수를 일일이 나눠보는 것은 어떨까?"

"나도 너와 같은 생각을 하지 않은 건 아니야. 일단 소수인지를 파악하기 위해서는 주어진 근의 제곱수보다 적은 값에 대해 일일이 나눠보는 것이 최선이잖아.

$$2719^2 < 7396979 < 2720^2$$

위의 계산으로 보면 2719 이하의 소수에 대해서만 확인하면 될 거야."

"해보자!"

"뭐?"

"지금 뚜렷한 방안도 없잖아. 내 생각인데 이 암호문을 만들 당시에는 알고리즘에 대해 아는 사람이 거의 없었을 거야. 컴퓨터도 없던 시대였어. 그래서 이 정도의 수만으로도 충분히 암호로서의 가치가 있다고 판단했을 거야."

그들은 엑셀 프로그램을 사용하기로 하고, 하나의 열에 모든 수를 집어넣었고 2719 이하의 수로 7396979를 나누는 반복작업을 수행하여 소인수 분해를 시도했다. 지루한 반복작업을 거친 끝에 마침내 7396979라는 수가 1009와 7331의 곱으로 이뤄짐을 알게 되었다.

이제 피 함수의 값을 계산할 수 있으니 이를 이용하면 비밀키를 알아낼 수 있고, 남은 것은 복호화 과정이다.([부록 13] 복호화 과정)

"오빠! 보물 찾으러 가야지?"

진희가 들뜬 기분으로 말했다. 민준도 배낭을 메고 진호의 집을 찾았다.

"응, 암호를 해석해 나온 수가 지구에서의 방위를 뜻하는 수였어. 그리고 그 위치가 강화도 부근을 가리키더라고. 이제 우리 셋이 보물을 찾기 위한 모험을 시작해볼까?"

5.1 ☆

오일러 피 함수(식 23.1 a와 b)를 이용하여 1부터 900까지의 정수 중 900과 서로소인 수가 모두 몇 개인지를 구하라.

5.2 ☆☆

가로의 길이가 2607이고, 세로의 길이가 948인 벽에 한 변의 길이가 a(a는 자연수)인 정사각형의 타일로 빈틈없이 채우려면 최소 몇 개의 타일이 필요한가?

5.3 ☆☆

두 소수의 곱으로 이뤄진 합성수 n을 소인수분해하는 것은 수가 커질수록 어려워져 사실상 불가능하다. 하지만 수학자들은 더욱 정교하고 빠른 시행능력을 발휘할 수 있는 알고리즘을 개발하기 위해 지금도 노력하고 있다. 대표적으로 나눗셈 시행(Trial Division), Pollard's rho 알고리즘, Lenstra elliptic curve 인수분해, 페르마(Fermat)의 인수분해 방법, 오일러(Euler)의 인수분해 방법 등 다양한 방법이 있다. 관건은 얼마나 빨리, 그리고 얼마나 큰 수를 해결할수 있느냐이다.

본문에서 다룬 공개키 숫자의 자릿수가 7자리로 생각보다 크지 않아서(?) 공개키 (e, m)을 가지고 비밀키 (d, m)을 계산해내는 것이 쉬운 것처럼 보인다. 물론 천 자리, 만 자리 등 자릿수가 커질수록 소인수분해 미션은 불가능에 가까워질 것임은 자명하다.

해결책 중 하나로 자주 이용하는 방법이 m의 피 함수 $\phi(m)$의 값을 이용하는 것이다. $\phi(m)$만 알 수 있다면 유클리드 알고리즘을 사용하여 d를 구할 수 있기 때문에 m의 소인수분해는 가능하다. 그렇지만 $\phi(m)$의 계산은 결국 n을 소인수분해하는 것과 같기 때문에 마찬가지 난관에 봉착한다. Wiener 알고리즘이나 May-Coron 알고리즘은 방식은 다르지만 $\phi(m)$의 값을 얻어 이 값을 이용하여 n을 소인수분해하는 방법이다. $\phi(m)$과 m의 값으로 어떻게 소인수분해할 수 있을 것인가?

먼저 $m=pq(q<p, p$와 q는 소수)라 하면 피 함수 $\phi(m)$은

$$\phi(m)=(p-1)(q-1)=pq-(p+q)+1=m-(p+q)+1$$

이고, 이로부터 $p+q=m-\phi(m)+1$이므로

$$(p+q)^2=p^2+2pq+q^2=p^2-2pq+q^2+4pq=(p-q)^2+4m$$

이다.

$$\therefore \quad p-q=\sqrt{(p+q)^2-4m}$$

따라서

$$p=\frac{(p+q)+(p-q)}{2}, \ q=\frac{(p+q)-(p-q)}{2}$$

을 얻을 수 있다. 본문에서 주어진 암호문 $m=7396979$, $\phi(m)=7388640$의 값을 이용하여 m을 소인수분해하라.

수학의 기본부터 실력 다지기까지,
정수로 시작하는 생각실험

수학 분야에서 가장 먼저 배우는 것이 1, 2, 3, … 등의 자연수(0보다 큰 정수)입니다. 그다음 양의 정수(+1, +2, +3, … [+기호는 생략할 수 있습니다]), 0, 음의 정수(−1, −2, −3, …)를 포함한 정수를 차례차례 배웁니다. 정수는 마치 1, 2, 3, … 수 세기처럼 아주 쉬워 보입니다. 하지만 그 점이 정수 부분을 간과해 나중에 수학을 어렵게 느끼게 하는 잘못된 시작이 되기도 합니다.

수학의 천재, 카를 프리드리히 가우스는 정수론을 '수학의 여왕'이라 일컬었습니다. 정수가 수학의 토대를 이루고 있기 때문입니다. 수학이라는 학문의 실력을 갖추느냐를 결정짓는 중요한 영역이 정수이지요. 이 책은 여러분에게 수학 세계에서 정수의 중요성을 전달합니다. 특히 초등학생 수준의 지식에서 출발해 생각이 서서히 진화하는 과정을 그리고 있습니다.

이 책을 읽는 데 필요한 수학 지식은 누구나 할 수 있는 사칙연산뿐입니다. 이렇게 말하면 매우 쉬워 보이지만 막상 책의 내용을 보면 제 말이 거짓말이라 할 정도로 쉽지만도 않습니다. 그 이유는 수의 무한성 때문입니다. 예를 들어볼까요. 초등 고학년 수준 정도만 되어도 35를 소인수분해하라고 하면 5와 7의 곱이란 점은 아주 쉽게 알아냅니다. 하지만 893을 소인수분해하라고 하면 시간이 좀 걸릴 거예요. 그런데 한 10자리 수를 소인수분해하려고 하면 아마 엄두가 나지 않겠죠. 이런 큰 수의 계산을 쉽고 간단하게 처리하는 방법, 즉 지혜를 발굴하는 여정이 수학이라고 할 수 있습니다. RSA 암호, 유클리드 호제법 모두 간단한 수학의 지식에서 얻어진 인간의 놀라운 지혜의 산물입니다. 이 책은 그러한 지혜가 어떻게 생기는지를 알아가는 과정입니다.

수학이 재밌어지려면 숫자들과 놀아야 해요. 놀다 보면 수들의 특성을 체득하게 되거든요. 어떻게 놀아야 할까요? 책을 통해, 또 게임을 통해서도 할 수 있습니다. 게임을 이기는 방법을 생각하는 그 자체도 수학을 익히고 배우는 밑거름이 될 수 있습니다. 특히 나이가 어린 친구들일수록 수와 친해지는 이 과정이 중요합니다.

우리가 언어를 배울 때 자주 사용하는 언어는 쉽게 쓰지만, 그렇지 않은 단어나 문장은 말에 녹이기가 어렵듯이 수학도 마찬가지입니다. 말을 처음 배우듯이, 수학 역시 자주 쓰고 익히다 보면 자연스럽게 다룰 날이 올 거예요. 여러분의 수학 여정을 응원합니다!

부록

영문의 빈도수

시저 암호처럼 평문 한 글자를 다른 글자로 바꾸는 일대일 변환 암호는 평문의 문자열이 가진 속성을 그대로 유지하게 된다. 즉, 평문 문자의 출현 빈도가 영어 문장에 상관없이 거의 일정한 패턴으로 등장하기에 평문 문자의 출현 빈도와 암호문 문자의 출현 빈도를 대조하는 것으로 평문과 암호문의 문자대응 관계를 측정하여 암호문을 해독하는 것이다.

보통 영문에서 알파벳 수를 세어보면, 아래의 표와 같이 e, t, a, o, i, n, …의 순으로 나타난다. 그 외로 연속한 두 문자의 빈도수가 특히 높은 문자열도 있다, th, he, in, er, …의 순으로 출현하고, 덧붙여 세 문자의 경우에는 the, and, ing, ion, … 순으로 출현 빈도가 높다고 알려져 있다.

알파벳	빈도(백분율)	알파벳	빈도(백분율)
e	12.70%	m	2.41%
t	9.06%	w	2.36%
a	8.17%	f	2.23%
o	7.51%	g	2.02%

i	6.97%	y	1.97%
n	6.75%	p	1.93%
s	6.33%	b	1.49%
h	6.09%	v	0.98%
r	5.99%	k	0.77%
d	4.25%	j	0.15%
l	4.03%	x	0.15%
c	2.78%	q	0.10%
u	2.76%	z	0.07%

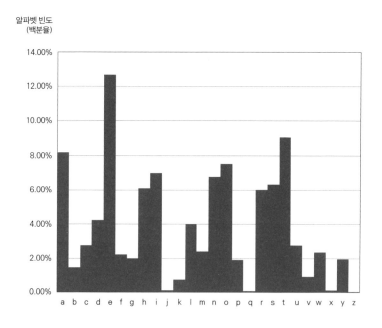

알파벳 빈도
(백분율)

에라토스테네스의 체

2천여 년 전 지구의 크기를 처음으로 계산해낸 것으로 유명한 에라토스테네스(기원전 273?~기원전 192?)는 소수를 찾는 방법도 고안해냈다. 방법은 다음과 같다.

(1) 찾고자 하는 범위의 자연수를 나열한다. (아래의 표는 100까지의 수에서의 소수를 찾는 예이다.)

(2) 2부터 시작하여, 2의 배수를 지워나간다. (단, 2는 지우지 않는다.)

(3) 지워지지 않은 다음 수인 3의 배수를 모두 지운다. (단, 해당 수 3은

1	2	3	4	5	6	7	8	9	10
11	12	13	14	15	16	17	18	19	20
21	22	23	24	25	26	27	28	29	30
31	32	33	34	35	36	37	38	39	40
41	42	43	44	45	46	47	48	49	50
51	52	53	54	55	56	57	58	59	60
61	62	63	64	65	66	67	68	69	70
71	72	73	74	75	76	77	78	79	80
81	82	83	84	85	86	87	88	89	90
91	92	93	94	95	96	97	98	99	100

지우지 않는다.)

이 과정을 반복하여 지워지지 않고 남아 있는 수들이 소수가 된다.

에라토스테네스의 체를 시행해보면 재밌는 사실 하나를 발견할 수 있다. 예를 들어 앞에서 2의 배수와 3의 배수를 거르고 나면 남은 수들은 다음과 같을 것이다.

$$5, 7, 11, 13, 17, 19, 23, 25, 29, 31, 35, 41, 43, 47, 49, \cdots$$

나열된 위의 수 중에서 25부터 소수가 아닌 수가 남아 있다. 25는 5의 배수를 지울 때 제거된다. 그럼 5의 배수를 거르고 난 뒤에 남은 수들은 무엇일까?

$$7, 11, 13, 17, 19, 23, 29, 31, 37, 41, 43, 47, 49, 53, \cdots$$

좀 전과 비교하면 소수가 아닌 첫 번째 수는 49이고, 이 수는 7의 제곱의 수로 7의 배수를 지울 때 소거된다. 이 패턴을 보면 임의의 소수의 배수를 소거하고 난 뒤 그 소수보다 큰 소수의 제곱까지는 모두 소수라는 점을 알 수 있다. 즉, 5의 배수를 소거한 뒤는 7의 제곱인 49 이전까지 남아 있는 수는 모두 소수이다.

100까지 나열된 앞의 표에서 7의 배수를 소거하면 7보다 큰 소수인 11^2인 121보다 작은 수에서 제거되지 않은 수는 모두 소수가 된다. 따라서 100까지의 수가 적힌 앞의 표에서는 7의 배수까지 지우는 것으로 모든 소수를 찾아낼 수 있다.

7의 배수 판정법

7의 배수인지 판정하는 방법에는 여러 가지가 있다. 하지만 각 방법이 모두 그리 효율적이지 못해 솔직히 7의 배수 여부는 직접 나누는 것이 나을 수 있다. 이왕 얘기가 나왔으니 한 가지만 소개한다.

3의 배수 판정법은 10의 거듭제곱의 수는 모두 3으로 나눈 나머지가 1이라는 점을 이용했다. 그 점에 착안하여 7의 배수 판정은 1001이라는 수를 이용한다. 1001이 7로 나눠떨어지기 때문이다.

가령 12345가 있다. 이때 이 수는 다음가 같이 정리가 가능하다.

$$12345 = 12 \times 1000 + 345 = 12 \times (1001-1) + 345$$
$$= 12 \times 1001 - 12 + 345$$

이때 12×1001은 1001이 7의 배수이므로 역시 7의 배수이다. 따라서 남아 있는 수로 7의 배수 여부를 판정하는 것이다. 즉, $-12 + 345 = 333$이고 333은 7의 배수가 아니므로 12345도 7의 배수가 아니다. 하나 더 예를 들어본다.

$$140256123 = 140256 \times 1000 + 123$$
$$= 140256 \times 1001 - 140256 + 123$$

140256123의 7의 배수 여부는 $-140256 + 123$으로 판정이 가능하다. 한편 -140256도 같은 방법으로 처리 가능하다.

$$-140256 + 123 = -(140 \times 1000 + 256) + 123$$
$$= -(140 \times 1001 - 140 + 256) + 123$$
$$= -140 \times 1001 + 140 - 256 + 123$$

$140 - 256 + 123 = 7$이므로 140256123은 7의 배수이다. 즉, 3자리씩 나누어 더하고 빼줘서 얻은 수로 7의 배수 여부를 판정하는 방법이다.

세 자리씩 나눠 더한 후에 그 수를 7로 나눠 배수를 판정하는 것이다 보니 직접 나누는 편이 더 낫다고 여길 수도 있다. 비록 이 방법이 만족스럽지는 않겠지만 이와 같은 방법의 고안은 참신하다 할 수 있으므로 수학적 발상을 익히는 차원에서 알아두는 것은 매우 좋다고 할 수 있겠다.

소수의 무한성 증명

소수의 무한성은 여러 증명 방법이 있다. 두 가지를 소개하는데 첫 번째는 유클리드의 『원론』에 기록된 것으로 본문의 귀류법 증명을 일반화한 방법이고, 두 번째는 본문에서 자주 등장하는 수학계의 거장 오일러가 증명한 방법이다.

증명 1

소수가 $p_1, p_2, \cdots, p_r$, 즉 개수가 r개로 유한하다고 가정한다. 이제 자연수 N을 다음과 같이 정의하자.

$$N = p_1 p_2 \cdots p_r + 1$$

이때 N은 각 소수 $p_i (i=1, 2, \cdots, r)$로 나누어 나머지가 1이라는 점은, N은 기존의 어느 소수로도 나누어지지 않음을 뜻한다. 따라서 N은 소수다. 그런데 N은 $p_1, p_2, \cdots, p_r$과는 다른 소수이다. 따라서 소수가 r개로 유한하다는 가정에 위배되므로, 소수의 개수는 무한하다.

일찍이 14세기에 오렘(1320?~1382)이라는 수학자가 아래의 수들의 합 (조화수열의 합)이 무한하다는 것을 증명했다. (이에 대한 증명은 『작은 수학자의 생각실험 2』에 수록되어 있다.)

$$s = 1 + \frac{1}{2} + \frac{1}{3} + \frac{1}{4} + \cdots$$

후에 오일러(1707~1783)는 이 식을 이용해 소수의 무한성을 증명했다. 위의 식의 양변에 $\frac{1}{2}$ 을 곱하여 얻은 식을 변변 빼준다.

$$\frac{1}{2}s = \frac{1}{2} + \frac{1}{4} + \frac{1}{6} + \frac{1}{8} + \cdots$$

$$s - \frac{1}{2} = \left(1 - \frac{1}{2}\right)s = 1 + \frac{1}{3} + \frac{1}{5} + \frac{1}{7} + \cdots$$

분모가 2의 배수인 분수들은 모두 사라졌다. 이번에는 $\frac{1}{3}$ 을 곱해주고 같은 작업을 반복하면

$$\frac{1}{3}\left(1 - \frac{1}{2}\right)s = \frac{1}{3} + \frac{1}{9} + \frac{1}{15} + \frac{1}{21} + \cdots$$

$$\left(1 - \frac{1}{2}\right)\left(1 - \frac{1}{3}\right)s = 1 + \frac{1}{5} + \frac{1}{7} + \frac{1}{11} + \cdots$$

이다. 다음은 예상하겠지만 $\frac{1}{5}$ 을 곱해 변변 빼주고, 이 과정을 무한히 반복하면 놀랍게도 좌변은 소수들로 이뤄진 곱만이 남게 될 것이고, 우변은 모든 분수가 사라지게 되어 1만이 남게 된다. 즉 다음과 같다.

$$\left(1 - \frac{1}{2}\right)\left(1 - \frac{1}{3}\right)\left(1 - \frac{1}{5}\right)\cdots s = 1$$

이때 만약 소수의 개수가 유한하다고 하고 가장 큰 소수가 p라고 가정하면 위의 식은 다음과 같이 정리된다.

$$\left(1-\frac{1}{2}\right)\left(1-\frac{1}{3}\right)\cdots\left(1-\frac{1}{p}\right)s = 1$$

$$\therefore \quad s = \frac{2}{1}\cdot\frac{3}{2}\cdot\frac{5}{4}\cdot\ldots\cdot\frac{p}{p-1}$$

그런데 이미 오렘이 밝혔지만 s는 무한하다. 반면 우변은 유한한 값을 가진다. 모순이 발생한 것이다. 따라서 소수의 개수는 무한하다.

소수의 분포도

소수의 개수는 10 이하에서 4개, 100 이하 25개, 1000 이하 168개이다. 또한 10000 이하의 소수 개수는 총 1229개다. 임의의 실수 x에 대해 x보다 작거나 같은 소수의 개수를 $\pi(x)$라는 함수로 정의하면 다음과 같다.

$$\pi(10)=4, \ \pi(100)=25, \ \pi(1000)=168, \ \pi(10000)=1229$$

100 이하의 소수가 25개이므로 이 추세대로 진행된다면 1000 이하에서는 250개, 10000 이하에서는 2500개로 넘겨짚을 수 있지만 실제로는 더 적은 수로, 소수가 나오는 빈도가 줄어들고 있음을 알 수 있다.

숫자가 그리 크지 않을 때에는 실제적인 소수의 개수 $\pi(x)$를 구하는 데 크게 어렵지 않지만, 상당히 큰 수의 경우에는 정확한 소수의 개수를 알아내기가 매우 어려워진다. 그래서 1과 x 사이의 소수 개수의 근사적인 값을 얻어낼 수 있는 방법에 관한 소수정리를 가우스(1777~1855)와 르장드르(1752~1833)가 얻어냈다. (소수정리로 알려져 있다.)

$$\pi(x) \approx \frac{x}{\ln x}$$

실제 개수 $\pi(x)$와 근삿값 $\dfrac{x}{\ln x}$와 비교하면 다음과 같다. (여기서 ln은 자연로그)

x	$\pi(x)$	$\dfrac{x}{\ln x}$	$\pi(x)-\dfrac{x}{\ln x}$	$\pi(x)\div\dfrac{x}{\ln x}$
10	4	4.3	-0.3	0.92103
10^2	25	21.7	3.3	1.15129
10^3	168	144.8	23.2	1.16050
10^4	1 229	1 085.7	143.3	1.13195
10^5	9 592	8 685.9	906.1	1.10432
10^6	78 498	72 382.4	6 115.6	1.08449
10^7	664 579	620 420.7	44 158.3	1.07117
10^8	5 761 455	5 428 681.0	332 774.0	1.06130
10^9	50 847 534	48 254 942.4	2 592 591.6	1.05373
10^{10}	455 052 511	434 294 481.9	20 758 029.1	1.04780

이에 대한 비교는 다음의 〈그림 12.1〉의 그래프이다. 그림 ①은 $\pi(x)-\dfrac{x}{\ln x}$에 대한 그래프이다. 로그 스케일로 그려진 것으로 x의 값이 커질수록 $\pi(x)$와 $\dfrac{x}{\ln x}$의 차이가 계속 커져감을 확인할 수 있다. 반면 ②는 $\pi(x)$와 $\dfrac{x}{\ln x}$와의 비율, 즉 $\pi(x)\div\dfrac{x}{\ln x}$에 대한 것으로 값이 1에 가까워지고 있다. 이 두 그래프가 의미하는 것은 추정치가 실제 소수의 개수와의 차이는 커지지만 근사치로는 매우 훌륭한 값을 도출하고 있음을 뜻한다.

즉,

$$\lim_{x \to \infty}\frac{\pi(x)}{x/\ln(x)}=1$$

이다.

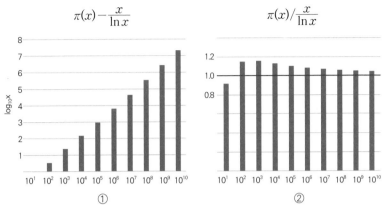

그림 12.1

RSA 암호

흔히 알고 있는 대칭형 알고리즘에 기반을 둔 암호는 서로 암호키를 공유하여 통신을 주고받아 사용되지만, 보안 유지 등 실용적으로 많은 문제가 뒤따랐다. 이를 보완하기 위해 개발된 암호방식이 공개키 방식이다. 비밀키 없이는 풀기가 불가능할 정도로 어려운 수학적 알고리즘을 바탕으로 만들어진 키를 사용자들에게 공개하는 방식으로, 사용자들은 공개키를 이용해서 평문을 암호화한다. 일단 암호화된 문서는 오직 비밀키를 지닌 사람만이 해독이 가능한 일방형 통신의 비대칭형 형태이다.

1978년 로널드 라이베스트(Ron Rivest), 아디 샤미르(Adi Shamir), 레너드 애들먼(Leonard Adleman)이 개발한 RSA(이들 3명의 이름 앞글자를 딴 것) 암호는 엄청나게 큰 숫자를 소인수분해하는 것이 어렵다는 것에 기반을 둔 공개키 암호 체계이다. 이 세 발명자는 이 공로로 2002년 튜링상을 수상했다.

본문에서도 다뤘지만 이 암호방식은 두 소수의 곱으로 이뤄진 것이므로 공개키로 주어진 수를 소인수분해하면 해독이 가능하다. 이론적으로 충분히 가능한 소인수분해로 만든 암호가 안전한 것인가? 이에 대해 의

문점을 제기한 이들로부터 많은 공격을 받은 세 명의 과학자들은 전 세계를 상대로 상금을 걸고 RSA-129로 그들이 명명한 129자리로 이뤄진 수의 소인수분해를 제시한 것이다. 본문 27장에서 언급한 수가 바로 그들이 제시한 수이고, 그 후 학자 600여 명의 공동작업을 거쳐 문제의 두 소수를 찾아냈다.

비록 이를 통해 129자리의 수가 암호화하기엔 부족하다는 사실을 확인하였지만, 소수가 커지면 커질수록 소인수분해는 더욱 풀기 힘든 영역이 될 것임은 분명하다.

페르마의 소정리의 증명

$$p\text{가 소수이고 } a\text{가 } p\text{의 배수가 아니면 } a^{p-1} \equiv 1(\mathrm{mod}\ p)$$

페르마의 소정리를 증명하는 방법은 여러 가지가 있을 수 있지만, 가장 간단한 방법을 예로 들어 살펴본다.

절차 1

가령 7 이하의 자연수 중 7과 서로소인 수들만을 모아놓은 집합을 S라 한다.

$$S = \{1, 2, 3, 4, 5, 6\}$$

증명해야 할 것은 7과 서로소인 수 a의 6번 거듭제곱한 수 a^6을 7로 나눈 나머지가 1이 됨을 보이는 것이다. 그 수를 $a = 9$라 하면 9^6을 7로 나눈 나머지가 1이 나오는지를 보여야 한다.

절차 2

S의 각 원소에 9를 곱한 값을 원소로 하는 집합 T를 만든다.

$$T = \{9 \times 1, 9 \times 2, 9 \times 3, 9 \times 4, 9 \times 5, 9 \times 6\}$$

이때 집합 T의 각 원소를 7로 나눈 나머지는 모두 다르다.

$$9 \times 1 \equiv 2 \ (\text{mod } 7),$$
$$9 \times 2 \equiv 4 \ (\text{mod } 7),$$
$$9 \times 3 \equiv 6 \ (\text{mod } 7),$$
$$9 \times 4 \equiv 1 \ (\text{mod } 7),$$
$$9 \times 5 \equiv 3 \ (\text{mod } 7),$$
$$9 \times 6 \equiv 5 \ (\text{mod } 7)$$

7로 나눈 나머지의 관점에서 보면 집합 S와 T는 같은 집합인 셈이다.

절차 3

합동식은 곱셈이 성립하므로 위의 6개 식을 변변 곱해줘도 식이 성립한다.

$$9^6 \times 6! \equiv 6! \ (\text{mod } 7)$$

또한 mod n에서 n이 소수인 경우 나눗셈도 성립하므로 양변을 6!로 나눌 수 있다.

$$\therefore \ 9^6 \equiv 1 \ (\text{mod } 7)$$

이제 위의 과정을 일반화시켜본다.

절차 1

소수 p에 대해 p보다 작은 수는 모두 p와 서로소이다. 이 수들의 집합을 S라 놓는다.

$$S=\{1, 2, \cdots, p-1\}$$

절차 2

p와 서로소인 a를 S의 각 원소에 곱한 값들을 원소로 하는 집합 T를 구성한다.

$$T=\{a\times 1, a\times 2, \cdots, a\times(p-1)\}$$

위와 같이 정의된 집합 T의 각 원소를 p로 나눈 나머지는 모두 다르다. 이 사실에 대한 증명은 귀류법을 이용한다.

같은 나머지를 갖게 되는 두 원소 ia, ja가 있다고 가정한다. 단, i, j는 $0 < i < j < p$인 자연수이다. 나머지가 같으므로 두 원소의 차는 p로 나눠떨어진다.

$$ja-ia=(j-i)a\equiv 0 \ (\mathrm{mod}\, p)$$

그런데 $0 < j-i < p$이므로 $j-i$는 p와 서로소이다. 따라서 a는 p로 나눠져야 한다. 하지만 a는 p와 서로소이므로 가정에 모순된다. 결국 T의 모든 원소는 p로 나눈 나머지가 각각 다르다.

집합 S는 p로 나눈 나머지들이고, 집합 T의 각 원소들을 p로 나눈 나머지는 Q의 원소들의 재배열이 될 뿐이다. 따라서 집합 S의 모든 원소의 곱과 T의 모든 원소의 곱은 p로 나눈 나머지가 같다.

$$(p-1)! \equiv a^{p-1}(p-1)! \pmod{p}$$
$$\therefore a^{p-1} \equiv 1 \pmod{p}$$

오일러 정리의 증명

a와 n이 서로소인 양의 정수일 때,
$$a^{\phi(n)} \equiv 1 \pmod{n}. \ \phi(n)은 \ 오일러 \ 피 \ 함수.$$

오일러 정리는 페르마의 소정리를 소수뿐만 아니라 모든 수에 확장한 정리로, 증명하는 방법도 페르마의 소정리와 거의 일치한다.

절차 1

n보다 작은 자연수 중 n과 서로소인 수만 모아놓은 집합을 S라 하자.

$$S = (b_1, \ b_2, \ \cdots, \ b_{\phi(n)})$$

여기서 $\phi(n)$은 n과 서로소인 수의 개수로 오일러 피 함수이다. 본문 23장에서 다루고 있다.

절차 2

n과 서로소인 a를 S의 각 원소에 곱한 값들을 원소로 하는 집합 T를

구성한다.

$$T = \{a \times b_1, a \times b_2, \cdots, a \times b_{\phi(n)}\}$$

위와 같이 정의된 집합 T의 각 원소를 n으로 나눈 나머지는 모두 다르다. 이 사실에 대한 증명은 귀류법을 이용한다.

같은 나머지를 갖는 두 원소 ab_i, ab_j가 있다고 가정한다. 단, b_i, b_j는 $0 < b_i < b_j < n$인 자연수이다. 나머지가 같으므로 두 원소의 차는 n으로 나눠떨어진다.

$$b_j a - b_i a = (b_j - b_i)a \equiv 0 \ (\mathrm{mod}\ n)$$

그런데 $0 < b_j - b_i < n$이고 $b_j - b_i$는 n과 서로소이므로 a는 n으로 나뉘져야 한다. 하지만 a와 n은 서로소이므로 가정에 모순된다. 결국 T의 모든 원소는 n으로 나눈 나머지가 각각 다르다.

절차3

집합 S는 n으로 나눈 나머지들이고, 집합 T의 각 원소들을 n으로 나눈 나머지는 S의 원소들의 재배열이 될 뿐이다. 따라서 집합 S의 모든 원소의 곱과 T의 모든 원소의 곱은 n으로 나눈 나머지가 같다.

$$b_1 \times b_2 \times \cdots \times b_{\phi(n)} \equiv a^{\phi(n)} b_1 \times b_2 \times \cdots \times b_{\phi(n)} \ (\mathrm{mod}\ n)$$

$$\therefore a^{\phi(n)} \equiv 1 \ (\mathrm{mod}\ n)$$

포함배제의 원리

본문에서 다뤘던 서로소의 개수를 구하는 방법은 조합론에서 널리 쓰이는 기본적 기법인 포함배제의 원리(inclusion-exclusion principke)를 이용한 것이다. 이 원리는 아주 유용하게 써먹을 수 있는 기법으로서 다양한 상황에서 적용이 가능하다.

12 이하의 수에서 2와 3의 배수를 구하는 문제를 다시 설명하면, 12 이하의 수에서 2의 배수의 집합의 개수를 |A|, 3의 배수의 집합의 개수를 |B|, 2의 배수 혹은 3의 배수의 집합의 개수를 |A∪B|, 2의 배수이자 3의 배수의 집합의 개수는 |A∩B|이면 다음과 같은 식이 성립함은 본문에서

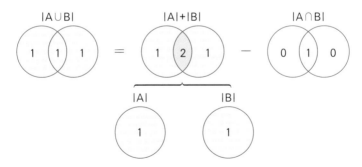

그림 16.1 두 집합의 전체 원소의 개수 구하기, |A∪B|=|A|+|B|−|A∩B|

논한 바 있다.

|A∪B|를 구하기 위해 |A|와 |B|를 더하면 앞의 그림처럼 겹쳐진 부분을 두 번 더한 격이 되므로 그 부분에 해당하는 |A∩B|를 빼줘야 정확한 값을 구할 수 있다.

세 개의 집합 A, B, C에 대해서도 비슷한 맥락으로 적용된다. 각각의 개수 |A|, |B|, |C|의 합을 구하면 중복된 부분이 아래 그림과 같이 2번 혹은 3번 더해지게 되는 상황이 발생한다.

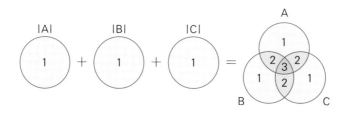

그림 16.2 세 집합의 원소의 개수를 모두 더했을 때 중복되는 상황

이러한 중복 부분을 제거하기 위해서는 아래 그림과 같은 절차를 밟아야 한다.

하지만 〈그림 16.3〉처럼 세 집합이 공통적으로 겹치는 부분이 제거되므로 이를 보충해줘야 한다. 따라서 세 개의 집합 있는 경우에는 〈그림 16.4〉

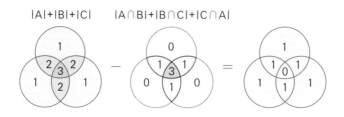

그림 16.3 두 집합의 중복부분을 제거했을 때

와 같은 등식이 된다.

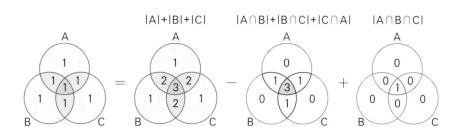

그림 16.4 $|A \cup B \cup C| = |A| + |B| + |C| - |A \cap B| - |B \cap C| - |C \cap A| + |A \cap B \cap C|$

$a=bq+r$일 때 $\gcd(a, b)=\gcd(b, r)$의 증명

증명

$r=a-bq$라 하자. 그리고 $\gcd(a, b)=s$, $\gcd(b, r)=t$라 놓자.

(1) $\gcd(a, b)=s$이므로 a와 b는 s의 배수이다. 그런데 $r=a-bq$이므로 r은 s의 배수일 수밖에 없다. 따라서 s는 b와 r의 공약수이다. 한편 b와 r의 최대공약수가 t이므로 $\boldsymbol{s \leq t}$이다.

(2) $\gcd(b, r)=t$이므로 b와 r은 t의 배수이다. 그런데 $a=bq+r$이므로 a는 t의 배수일 수밖에 없다. 따라서 t는 a와 b의 공약수이다. 한편 a와 b의 최대공약수가 s이므로 $\boldsymbol{t \leq s}$이다.

(1), (2)에 의해서 $\boldsymbol{s=t}$이므로 문제의 주어진 관계식은 성립함이 증명되었다.

합동식의 역수(잉여역수) 구하기

일반적으로 정수 a와 b에 대해서 $ax+by=c$를 만족하는 x, y를 구하는 문제가 있을 때 이 식을 만족하는 해는 너무도 많기 때문에 어떻게 정의하기 어렵다. 하지만 x와 y를 정수 혹은 자연수 등 조건을 제한하면 특정한 몇 개의 해를 구할 수 있다. 이와 같은 방정식을 부정방정식이라 한다. 특히 a와 b가 서로소인 경우 $ax+by=c$(선형 디오판토스 방정식)을 만족하는 정수해가 존재한다.

이와 같은 해를 구함에 있어서는 유클리드 호제법을 활용하면 매우 용이하게 x와 y의 값을 얻어내게 된다. 본문 26장 유클리드 호제법에서 다뤘던 예제를 이용하자.

$$36372x+7959y = 21 \qquad \cdots(※)$$

이미 유클리드 알고리즘을 이용해서 36372와 7959의 최대공약수가 21임을 알고 있다. 그때의 과정은 다음과 같았다.

$$36372 = 4 \times 7959 + 4536 \qquad \cdots①$$

$$7959 = 1 \times 4536 + 3423 \qquad \cdots ②$$

$$4536 = 1 \times 3423 + 1113 \qquad \cdots ③$$

$$3423 = 3 \times 1113 + 84 \qquad \cdots ④$$

$$1113 = 13 \times 84 + 21 \qquad \cdots ⑤$$

$$84 = 4 \times 21 \qquad \cdots ⑥$$

이제 위의 과정을 역으로 진행하면 〈식 ※〉의 해 x, y를 구할 수 있다.

⑤에서 $21 = 1113 - 13 \times 84$

$\rightarrow$ ④에서 $21 = 1113 - 13 \times (3423 - 3 \times 1113)$

$\qquad\qquad = 40 \times 1113 - 13 \times 3423$

$\rightarrow$ ③에서 $21 = 40 \times (4536 - 3423) - 13 \times 3423$

$\qquad\qquad = 40 \times 4536 - 53 \times 3423$

$\rightarrow$ ②에서 $21 = 40 \times 4536 - 53 \times (7959 - 4536)$

$\qquad\qquad = 93 \times 4536 - 53 \times 7959$

$\rightarrow$ ①에서 $21 = 93 \times (36372 - 4 \times 7959) - 53 \times 7959$

$\qquad\qquad = 93 \times 36372 - 425 \times 7959$

$\therefore$ ※에서 $x = 93, y = -425$

〈식 ※〉에서 x와 y를 직접 구하려고 했으면 매우 어렵다. 하지만 유클리드 호제법을 이용해 매우 쉽게 해결할 수 있음을 알 수 있었다.

잉여역수 역시 유클리드 호제법으로 구할 수 있다. 본문 25장에서 나온 합동식 $7d \equiv 1 \pmod{72}$를 유클리드 호제법으로 해결하는 방법은 다음과 같다.

$$7d \equiv 1 \ (\mathrm{mod}\, 72) \iff 7d + 72x = 1$$

위의 두 식은 동치이다. 왜냐하면 오른쪽 식을 mod 72에서 보면 $72x$ 는 나머지가 0이므로 소거되어서 왼쪽 식과 같음을 알 수 있다. 결국 〈식 ※〉과 같음을 확인할 수 있다.

유클리드 호제법: 7과 72의 최대공약수 구하는 과정

$$72 = 10 \times 7 + 2$$
$$7 = 3 \times 2 + 1$$

역의 과정

$$1 = 7 - 3 \times 2 = 7 - 3 \times (72 - 10 \times 7) = 31 \times 7 - 3 \times 72$$
$$\therefore d = 31, x = -3$$

즉, 7의 잉여역수는 31이다.

소수의 미해결 문제들

　수학에서 소수의 중요성은 아마 이 책을 통해서도 충분히 느꼈으리라 본다. 이처럼 중요한 소수에 대한 연구는 고대 그리스에서부터 시작되었고, 소수의 개수가 무한하다는 본문에서의 증명법 역시 이미 기원전 300년경에 출판된 유클리드의 『원론』에서 제시될 정도로 그 역사가 깊다.

　소수에 대한 연구로 "정수론"이라는 수학의 한 분야가 있을 정도로 소수는 수학의 세계에 절대적 자리를 차지하고 있으며 많은 연구가 이루어져 있다. 하지만 아직도 미해결로 남아 있는 문제가 여럿 있다. 도전해볼 분들을 위해 대표적인 몇 개의 난제를 소개한다.

(1) 메르센 소수

메르센 수는 $2^n - 1$로 얻어지는 수이다.

$$2^1 - 1 = 1, \quad 2^2 - 1 = 3, \quad 2^3 - 1 = 7, \quad 2^4 - 1 = 15, \quad \cdots$$

위와 같이 얻어지는 수들로서 목록을 보면 다음과 같다.

$$1, 3, 7, 15, 31, 63, 127, 255, 511, 1023, 2047, 4095, 8191, \cdots$$

위의 메르센 수들 중 15, 63 등 합성수를 제외한 수를 메르센 소수라 한다. 이 방법으로 새로운 소수를 찾는 많은 시도가 이뤄져왔기에 현대에 알려진 매우 큰 소수들 중에는 메르센 소수가 상당히 많다. 아래가 몇 가지 예이다.

$$3, 7, 31, 127, 8191, 131071, 524287, 2147483647,$$
$$2305843009213693951, \cdots$$

메르센 소수를 모두 찾아냈는지, 아니면 유한하지만 찾아내지 못하고 있는지, 혹은 무한히 많이 존재하는지에 대해서는 아직 알려져 있지 않다.

(2) 쌍둥이 소수 추측

어떤 수 p가 소수이면 $p+2$도 소수일 때, p와 $p+2$를 쌍둥이 소수라 부른다.

$$(3, 5), (5, 7), (11, 13), (17, 19), (29, 31),$$
$$(41, 43), (59, 61), (71, 73), \cdots$$

쌍둥이 소수를 찾기 위한 열정으로 현재까지 발견된 가장 큰 쌍둥이 소수는 아래와 같다.

$$(2996863034895 \times 2^{1290000} - 1, \ 2996863034895 \times 2^{1290000} + 1)$$

1849년 프랑스 수학자 알퐁스 드 폴리냐크(Alphonse de Polignac)는 이러한 쌍둥이 소수가 무한히 존재한다고 추측했지만 아직 증명되지는 않았다.

(3) 골드바흐의 추측

2보다 큰 모든 짝수는 두 개의 소수의 합으로 표시할 수 있다는 것이다. 아래가 그 예이다.

$$4=2+2$$
$$6=3+3$$
$$8=3+5$$
$$10=3+7=5+5$$
$$12=5+7$$
$$14=3+11=7+7$$
$$\vdots$$

10^{18} 이하까지는 골드바흐의 추측이 참임을 확인했지만 아직도 모든 짝수에 대해서도 성립할지에 대해서는 밝혀지지 않았다.

(4) 리만 가설

리만 제타 추측이라고도 불리는 리만 가설은 수학을 전공하지 않은 경우 그 의미마저 알기 힘들다. 소수의 분포도와 관련된 가설로서 "리만 제타 함수의 자명하지 않은 모든 영점의 실수부가 $\frac{1}{2}$ 이라는 추측"이다.

복호화 과정

주어진 공개키는 $(n, e) = (7396979, 947)$이다. 이것을 복호화하기 위해서는 n을 소인수분해해야 하는데 만만한 작업이 아니다. 물론 100자리, 1000자리 이상의 수에 비하면 아주 양호한 수에 해당한다. 그렇지만 공개키와 비밀키를 알아내기 위해서는 n의 소인수분해가 절대적이다.

이미 수학에서는 큰 수를 소인수분해하는 방법에 대한 알고리즘이 상당수 나와 있지만 그 내용은 본 책을 많이 벗어난 것이다. 사실 본문에서 암호로 주어진 수 7자리도 소인수분해하는 것이 만만치 않은 일이다. 어쨌든 본문에서는 가장 원시적인 방법으로 컴퓨터를 이용하여 일일이 수를 나눠주는 과정을 통해 7396979를 소인수분해했고, 그 결과는 다음과 같다.

$$n = 1009 \times 7331$$

즉, n은 두 개의 소수 1009와 7331의 곱이다. 이제 서로소의 개수를 오일러 피 함수로 구해본다.

$$\phi(n) = 7396979 \times \left(1 - \frac{1}{1009}\right) \times \left(1 - \frac{1}{7331}\right) = 7388640$$

공개키로 주어진 $e = 947$이 소수이므로 $\phi(n)$과는 당연히 서로소가 된다. 마지막 단계가 비밀키 d이다.

$$ed \equiv 1 \,(\mathrm{mod}\,\phi(n)) \ \text{혹은} \ 947d \equiv 1 \,(\mathrm{mod}\,7388640)$$

비밀키 d를 얻는 과정은 유클리드 호제법을 이용해서 구할 수 있음을 〔부록 10〕에서 다룬 바 있다. 그 과정을 따라 위의 식을 다음과 같은 부정방정식으로 바꾼다.

$$947d + 7388640x = 1$$

d의 값을 유클리드 호제법을 이용해서 얻을 수 있다.

$$7388640 = 7802 \times 947 + 146 \Leftrightarrow \gcd(7388640,\, 947) = \gcd(947,\, 146)$$
$$947 = 6 \times 146 + 71 \Leftrightarrow \gcd(947,\, 146) = \gcd(146,\, 71)$$
$$146 = 2 \times 71 + 4 \Leftrightarrow \gcd(146,\, 71) = \gcd(71,\, 4)$$
$$71 = 17 \times 4 + 3 \Leftrightarrow \gcd(71,\, 4) = \gcd(4,\, 3)$$
$$4 = 1 \times 3 + 1$$

$\therefore \quad \gcd(4,\, 3) = 1$이므로 $\gcd(7388640,\, 947) = 1$

이 과정을 역으로 추적하면 d의 값을 얻게 된다.

$$1 = 4 - 1 \times 3$$
$$= 4 - 1 \times (71 - 17 \times 4) = 18 \times 4 - 1 \times 71$$
$$= 18 \times (146 - 2 \times 71) - 1 \times 71 = 18 \times 146 - 37 \times 71$$

$$= 18 \times 146 - 37 \times (947 - 6 \times 146) = 240 \times 146 - 37 \times 947$$

$$= 240 \times (7388640 - 7802 \times 947) - 37 \times 947$$

$$= 240 \times 7388640 - 1872517 \times 947$$

$$\therefore \quad d = -1872517$$

그런데 $-1872517 \equiv 5516123 \pmod{7388640}$이므로 구하는 비밀키 d는 다음과 같다.

$$d = 5516123$$

복호화 과정은 다음과 같다.

$$1430271^{5516123} \equiv 3741263 \pmod{7396979} \qquad ①$$

반대로 6741263을 암호화하는 것은 다음 식으로 얻어진다.

$$3741263^{947} \equiv 1430271 \pmod{7396979} \qquad ②$$

복호화된 3741263은 위도 37.4, 경도 126.3의 위치로 해석하였다.

(주) 위의 ①과 ② 식의 계산은 곱셈과 나머지 구하는 과정을 수십만 번 이상 반복해야 하는 지루한 과정이다. 하지만 다양한 프로그램의 개발로 프로그램 언어만 이해하면 아주 쉽게 계산이 가능하다. 참고로 다음에 이어지는 내용은 오픈 소스로 배포되어 누구나 사용 가능한 R program을 이용해 아주 간단하게 실행한 예이다. 각자가 자신이 알고 있는 프로그램으로 계산을 확인하는 과정에서 암호 알고리즘을 더욱 잘 이해하게 되는

계기가 될 것이다.

[R 프로그램]

```
#3741263을 공개키 947로 암호화하는 과정
y=1 #암호화되는 수
for (a in 1:947){ # 총 947번의 과정 반복
    y=(y*3741263)%%7396979 # a%%b는 a를 b로 나눈 나머지 구
    하는 명령어
        }
#y는 1430271로 결과값 도출


# 암호문 1430271을 비밀키 5516123으로 복호화하는 과정
z=1 #복호화되는 수
for (b in 1:5516123){
    z=(z*y)%%7396979
        }
```

1.1

(1) $\frac{1}{3} = 0.111\cdots = 0.\overline{1}$, 순환마디는 1이고 길이는 1

$\frac{1}{11} = 0.0909\cdots = 0.\overline{09}$, 순환마디는 09이고 길이는 2

$\frac{1}{13} = 0.076923076923\cdots = 0.\overline{076923}$, 순환마디는 076923이고 길이는 6

(2) 분모가 소수 p인 분수의 순환마디 길이는 $p-1$의 약수에 해당한다. 예로 소수

19인 분수는 $19-1$, 즉 18의 약수 18이 순환마디의 길이이고, 분모가 31인 분수

는 30의 약수 15, 37은 36의 약수 3이 순환마디의 길이에 해당한다.

1.2

(1) step 1. $\frac{1}{5} < \frac{5}{21} < \frac{1}{4}$ 이고, $\frac{5}{21} - \frac{1}{5} = \frac{4}{105}$ 이므로 $\frac{5}{21} = \frac{1}{5} + \frac{4}{105}$

step 2. $\frac{1}{27} < \frac{4}{105} < \frac{1}{26}$ 이고, $\frac{4}{105} - \frac{1}{27} = \frac{1}{945}$ 이므로 $\frac{4}{105} = \frac{1}{27} + \frac{1}{945}$

$\therefore \frac{5}{21} = \frac{1}{5} + \frac{4}{105} = \frac{1}{5} + \frac{1}{27} + \frac{1}{945}$

(2) $3 + \cfrac{1}{2 + \cfrac{1}{1 + \cfrac{1}{1 + \frac{1}{4}}}} = 3 + \cfrac{1}{2 + \cfrac{1}{1 + \cfrac{1}{\frac{5}{4}}}}$

$$= 3 + \cfrac{1}{2 + \cfrac{1}{1 + \frac{4}{5}}} = 3 + \cfrac{1}{2 + \cfrac{1}{\frac{9}{5}}}$$

$$= 3 + \cfrac{1}{2 + \frac{5}{9}} = 3 + \cfrac{1}{\frac{23}{9}}$$

$$= 3 + \frac{9}{23} = \frac{78}{23}$$

(3) $\sqrt{2} = 1 + (\sqrt{2} - 1) = 1 + \cfrac{1}{\cfrac{1}{\sqrt{2}-1}} = 1 + \cfrac{1}{\sqrt{2}+1}$

$$= 1 + \cfrac{1}{2 + (\sqrt{2}-1)} = 1 + \cfrac{1}{2 + \cfrac{1}{\cfrac{1}{\sqrt{2}-1}}}$$

$$= 1 + \cfrac{1}{2 + \cfrac{1}{2 + \cfrac{1}{\sqrt{2}+1}}} = \cdots$$

$$= 1 + \cfrac{1}{2 + \cfrac{1}{2 + \cfrac{1}{2 + \cfrac{1}{2 + \cdots\cdots}}}}$$

구하고자 하는 값을 x로 놓는다.

$$x = 2 + \cfrac{1}{4 + \cfrac{1}{4 + \cfrac{1}{4 + \frac{1}{4 + \cdots\cdots}}}}$$

혹은 $x - 2 = \cfrac{1}{4 + \cfrac{1}{4 + \cfrac{1}{4 + \frac{1}{4 + \cdots\cdots}}}}$

이다. 이때 위의 식에서 파란색으로 쓰인 부분만 떼어서 보더라도 원래의 식과 동일하다. 따라서 다음과 같이 놓을 수 있다.

$$x - 2 = \frac{1}{4 + (x-2)} = \frac{1}{x + 2}$$

$$(x-2)(x+2)=1 \text{ 혹은 } x^2=5$$

$$\therefore \ x=\sqrt{5} \ (\because x>0)$$

2.1

3의 배수가 되기 위해서는 각 자릿수의 합이 3의 배수여야 한다.

$$9+4+\square+5=18+\square$$

$$\therefore \quad 0,3,6,9$$

9의 배수는 각 자릿수의 합이 9의 배수여야 한다.

$$\therefore \quad 0,9$$

2.2

(1)

n	1	2	3	4	5	6	7	8	9	10	11	12	13
M_n	1	3	7	15	31	63	127	255	511	1023	2047	4095	8191

(2) 아래의 어두운 영역이 소수이다.

n	1	2	3	4	5	6	7	8	9	10	11	12	13
M_n	1	3	7	15	31	63	127	255	511	1023	2047	4095	8191

즉, $M_2, M_3, M_5, M_7, M_{13}$으로 이로부터 M_n이 소수일 때 n 역시 소수임을 유추할 수 있고, 이는 입증된 사실이다. 하지만 그 역은 성립하지 않는다. n이 소수인 11일 때 M_{11}, 즉 $2^{11}-1=2047$은 $2047=23\times89$로서 소수가 아니다. 결론적으로 M_n이 소수이면 n은 소수이지만, 역으로 n이 소수라고 해서 M_n이 항상 소수가 될 수는 없다.

(1) 임의의 수 n은 10의 거듭제곱으로 아래와 같이 표현이 가능하다.

① $n = a_m \times 10^m + a_{m-1} \times 10^{m-1} + \cdots + a_2 \times 10^2 + a_1 \times 10 + a_0$

각각의 10의 거듭제곱을 다음과 같이 바꾼다.

$10 = 11 - 1$

$10^2 = (11-1)^2$

$\vdots$

$10^m = (11-1)^m$

이렇게 바꾼 표현을 식 ①에 대입하여 전개하면,

$n = a_m \times 10^m + a_{m-1} \times 10^{m-1} + \cdots + a_2 \times 10^2 + a_1 \times 10 + a_0$

$\quad = a_m \times (11-1)^m + a_{m-1} \times (11-1)^{m-1} + \cdots + a_2 \times (11-1)^2 + a_1 \times (11-1) + a_0$

$a_1 \times (11^2 - 2 \times 11) + a_1$

$a_2 \times (11^3 - 3 \times 11^2 + 3 \times 11) - a_2$

$a_{m-1} \times (11의\ 거듭제곱의\ 꼴) + (-1)^{m-1} \times a_{m-1}$

$a_m \times (11의\ 거듭제곱의\ 꼴) + (-1)^m \times a_m$

끝자리를 제외한 모든 항은 11의 배수이다.

② $n = (11의\ 배수) + a_m(-1)^m + a_{m-1}(-1)^{m-1} + \cdots + a_2(-1)^2 + a_1(-1) + a_0$

11의 배수 여부는 나머지에 의해 결정될 수밖에 없으므로 끝자리의 합으로 판단이 가능하다. 그런데 식 ②에서 짝수의 제곱은 양수가 되지만, 홀수의 제곱은 음수가 된다. 따라서 식 ②에서 11의 배수에 해당하지 않고 남은 수들은 다음과 같다.

$n \equiv a_m(-1)^m + a_{m-1}(-1)^{m-1} + \cdots + a_2(-1)^2 + a_1(-1) + a_0 \pmod{11}$

결국 각 자릿수들을 순차적으로 더하고 빼준 값으로 11의 배수 여부를 판단할 수 있다.

13091705의 경우 $-1+3-0+9-1+7-0+5=22$ (11의 배수)

38509237의 경우 $-3+8-5+0-9+2-3+7=-3$ (11의 배수가 아님)

(2) 8자리의 팰린드롬의 수가 $abcddcba$라 하자. 이때, a, b, c, d는 0에서 9까지의 정수이고, 단 $a \neq 0$이다. 11의 배수 판정법에 의해

$-a+b-c+d-d+c-b+a=0$

따라서 $abcddcba$는 11의 배수이다. 이를 확장하면 짝수 자릿수의 팰린드롬 수들은 모두 11의 배수임을 알 수 있다.

3.1

'm과 n은 모두 홀수이다'라는 (결론)을 부정한다. 즉, m과 n은 적어도 하나는 짝수라고 가정한다. 가령 m을 짝수라고 가정하면, n의 짝수 혹은 홀수와 관계없이 mn은 항상 (짝수)이다. 이것은 mn이 홀수라는 (가정)에 모순된다.

3.2

$(17, 19), (29, 31), (41, 43), (59, 61), (71, 73)$

3.3

n	0	1	2	3	4	5	6
$2n^2+7$	7	9	15	25	39	57	79

위의 표에서 확인할 수 있지만 $2n^2+7$은 $n=0$과 6에서만 소수일 뿐 나머지는 합성

수이다. 따라서 식 $2n^2+p$의 식을 이용해서 소수를 만들어낼 수 없다.

3.4

(1) 문제에서 주어진 대응표를 완성하면 다음과 같다.

A	B	C	D	E	F	G	H	I	J	K	L	M	N	O	P	Q	R	S	T	U	V	W	X	Y	Z
0	1	2	3	4	5	6	7	8	9	10	11	12	13	14	15	16	17	18	19	20	21	22	23	24	25
↕	↕	↕	↕	↕	↕	↕	↕	↕	↕	↕	↕	↕	↕	↕	↕	↕	↕	↕	↕	↕	↕	↕	↕	↕	↕
2	5	8	11	14	17	20	23	0	3	6	9	12	15	18	21	24	1	4	7	10	13	16	19	22	25
C	F	I	L	O	R	U	X	A	D	G	J	M	P	S	V	Y	B	E	H	K	N	Q	T	W	Z

MATHEMATICS ⟷ MCHXOMCHAIE

(2)

A	B	C	D	E	F	G	H	I	J	K	L	M	N	O	P	Q	R	S	T	U	V	W	X	Y	Z
0	1	2	3	4	5	6	7	8	9	10	11	12	13	14	15	16	17	18	19	20	21	22	23	24	25
↕	↕	↕	↕	↕	↕	↕	↕	↕	↕	↕	↕	↕	↕	↕	↕	↕	↕	↕	↕	↕	↕	↕	↕	↕	↕
0	6	12	18	24	4	10	16	22	2	8	14	20	0	6	12	18	24	4	10	16	22	2	8	14	20
A	G	M	S	Y	E	K	Q	W	C	I	O	U	A	G	M	S	Y	E	K	Q	W	C	I	O	U

26과 서로소가 아닌 곱셈인자 6을 사용하여 만들어진 대응표에서 확인할 수 있듯 평문 A와 N은 모두 C에 대응되어 일대일 대응이 이뤄지지 않는다. 즉, 암호화가 되는 문자에는 B, D, F, H, … 등이 존재하지 않는다. 따라서 이것으로 암호화는 가능해도 암호문을 복호화할 수 없게 된다. 암호문의 N이 A에 대응되는지 아니면 N에 대응되는지 알 수 없기 때문이다.

4.1

(1) $8^4=8^2\times 8^2\equiv 9\times 9=81\equiv 4 \pmod{11}$

$8^8=8^4\times 8^4\equiv 4\times 4=16\equiv 5 \pmod{11}$

(2) $8^{10}=8^2\times 8^8\equiv 9\times 5=45\equiv 1 \pmod{11}$

(3) $8^{1999} = 8^{1990+9} = (8^{10})^{199} \times 8^9 \equiv 8^9 \pmod{11}$

한편, (1)로부터 '$8^8 \equiv 5 \pmod{11}$'이므로

$\therefore \quad 8^9 = 8^8 \times 8 \equiv 5 \times 8 = 40 \equiv 7 \pmod{11}$

따라서 8^{1999}을 11로 나눈 나머지는 7이다.

(1) $0^3 = 0,\ 1^3 = 1,\ 2^3 = 8,\ 3^3 = 27,\ 4^3 = 64,\ 5^3 = 125,\ 6^3 = 216,\ 7^3 = 343,\ 8^3 = 512,$

$9^3 = 729$. 이 사실에 근거하면 13832의 끝자리인 2가 나오기 위해서 세제곱하는

두 수의 끝자리는 0과 0, 1과 1, 2와 4, 3과 5, 6과 6, 7과 9, 0과 8의 쌍이 가능하다.

또한 $24^3 = 13824,\ 25^3 = 15625$이므로 세제곱해서 더할 두 수는 모두 25보다 작

아야 할 것이다.

$24^3 = 13824$이므로 $13832 - 13824 = 8$

8은 2의 세제곱이므로 조건에 부합한다.

$\therefore \quad 13832 = 2^3 + 24^3$

$23^3 = 12167$이므로 $13832 - 12167 = 1665,$

$22^3 = 10648$이므로 $13832 - 10648 = 3184,$

$21^3 = 9261$이므로 $13832 - 9261 = 4571$

이렇게 얻은 1665, 3184, 4571은 세제곱수가 아니다.

$20^3 = 8000$이므로 $13832 - 8000 = 5832$

$5832 = 18^3$으로 세제곱수이다.

$\therefore \quad 13832 = 18^3 + 20^3$

이런 계산이 라마누잔의 머릿속에서 가능했다는 사실은 믿기지 않을 만큼 놀랍다.

(2) 8이 맨 앞자리이면서 3으로 나눠지는 수는 81, 84, 87의 세 수가 가능하다. 다음 세 번째 소수인 5로 나눠지기 위해서 가능한 경우의 수들, 다음은 7 등의 순서로 진행하면 아래와 같다.

소수	2	3	5	7	11	13	17	19	21	29
	8	1	0							
	8	1	5	5	4	2	7	0		
	8	4	0	0	7	3	7	9		
	8	4	0	7	3	6	7	0		
	8	4	5	6	8	9				
	8	7	0	1	0	3	0			
	8	7	0	8	7	0	9			
	8	7	5	0	5	6	3			
	8	7	5	7	1	9	3	1	9	1

810은 5까지 조건에 맞지만 이 수로 7로 나눌 수 있는 네 자리의 수가 존재하지 않는다. 이렇게 모든 사례를 조사하면 표의 맨 아래 수인 8757193191이 10번째 소수인 29로 나눌 수 있다. 11번째 소수인 31로 나눠지는 수는 없다.

5.1

$900 = 2^2 \times 3^2 \times 5^2$이므로 오일러 피 함수로부터

$$\phi(900) = 900\left(1 - \frac{1}{2}\right)\left(1 - \frac{1}{3}\right)\left(1 - \frac{1}{5}\right) = 240$$

5.2

가로의 길이가 2607이고, 세로의 길이가 948인 직사각형을 한 변의 길이가 a인 정사각형의 타일로 빈틈없이 채우려면 가로와 세로의 길이가 모두 a의 배수이므로 a는 2607과 948의 최대공약수를 구하는 문제이다. 이 값은 유클리드 호제법으로 해

결이 가능하다.

$$2607 = 948 \times 2 + 711$$

$$948 = 711 \times 1 + 237$$

$$711 = 237 \times 3$$

따라서 237이 답이 된다.

5.3

$p+q = m - \phi(m) + 1$ 으로부터

$$p+q = 7396979 - 7388640 + 1 = 8340$$

또한 $p-q = \sqrt{(p-q)^2 - 4m}$ 에서

$$p-q = \sqrt{8340^2 - 4 \times 7396979} = 6322$$

따라서

$$p = \frac{(p+q)+(p-q)}{2} = \frac{8340+6322}{2} = 7331$$

$$q = \frac{(p+q)-(p-q)}{2} = \frac{8340-6322}{2} = 1009$$

$\therefore \quad \mathbf{7396979 = 7331 \times 1009}$

찾아보기